农业信息化前沿
——深度学习模型与实践

郜鲁涛 著

东北林业大学出版社
Northeast Forestry University Press
·哈尔滨·

版权专有　侵权必究

举报电话：0451-82113295

图书在版编目（CIP）数据

农业信息化前沿：深度学习模型与实践／郜鲁涛著.
哈尔滨：东北林业大学出版社，2025.1. -- ISBN 978
-7-5674-3755-5

Ⅰ.S126

中国国家版本馆 CIP 数据核字第 2025R2G109 号

责任编辑：王　莹
封面设计：文　亮
出版发行：东北林业大学出版社
　　　　　（哈尔滨市香坊区哈平六道街 6 号　邮编：150040）
印　　装：河北昌联印刷有限公司
开　　本：787 mm × 1092 mm　1/16
印　　张：16.5
字　　数：237 千字
版　　次：2025 年 1 月第 1 版
印　　次：2025 年 1 月第 1 次印刷
书　　号：ISBN 978-7-5674-3755-5
定　　价：85.00 元

如发现印装质量问题，请与出版社联系调换。（电话：0451-82113296　82191620）

前　言

在浩瀚的农业历史长河中，人类的生存始终与土地紧密相连，人类用智慧和汗水滋养着这片大地，孕育了灿烂的农耕文明。然而，随着科技的飞速发展，特别是信息技术的日新月异，农业这一古老而又充满活力的行业正经历着前所未有的变革。农业信息化作为现代农业发展的重要标志，正逐步将传统农业带入一个智能化、精准化、高效化的新时代。

面对全球人口增长、资源环境约束加剧以及消费者对食品安全、品质要求的不断提升，传统农业发展模式已难以满足现代社会的发展需求。农业信息化是指运用现代信息技术手段，对农业生产、经营、管理、服务全过程进行数字化改造和智能化升级，不仅能够有效提高农业生产效率，降低生产成本，还能促进农业可持续发展，保障国家粮食安全和重要农产品有效供给。

正是基于这样的时代背景和技术发展趋势，笔者精心撰写了《农业信息化前沿——深度学习模型与实践》一书。本书旨在系统介绍深度学习在农业信息化领域的最新研究成果与应用实践，为农业科研人员、技术人员及农业信息化领域的从业者提供一本全面、深入、实用的参考书。

在撰写本书的过程中，笔者汲取、借鉴了中外学者们的成功经验与学术成果。在此，向一切给予本书提供借鉴与帮助的学者们表示最诚挚的谢意。由于时间仓促和编写经验不足，书中难免存在不足之处，敬请读者批评指正。

邰鲁涛

2024 年 10 月

目　　录

第一章　深度学习基础与农业应用概览······1
第一节　深度学习基本概述······1
第二节　农业数据特性与预处理······13
第三节　深度学习框架与工具介绍······22
第四节　深度学习在农业中的潜在应用······31

第二章　图像识别技术在农业中的应用······41
第一节　农作物病虫害图像识别······41
第二节　作物生长状态监测与分析······51
第三节　农业机器人视觉导航······62
第四节　土壤与水体质量评估······71
第五节　农产品品质分级与溯源······78

第三章　语义分析助力农业信息挖掘······86
第一节　农业文本数据处理与理解······86
第二节　农业政策与市场信息提取······95
第三节　农民需求与反馈分析······103
第四节　农业知识图谱构建与应用······111
第五节　农业科技文献智能检索······119

第四章　预测模型在农业生产中的应用······127
第一节　作物产量预测与调优······127
第二节　气候灾害预警系统······135
第三节　农业资源优化配置······144

第四节　农产品市场价格预测 …… 151
第五节　精准农业管理策略制定 …… 160

第五章　深度学习与农业物联网技术的融合 …… 169
第一节　物联网数据采集与智能处理 …… 169
第二节　传感器网络优化与故障预测 …… 176
第三节　智慧灌溉与施肥系统 …… 179
第四节　农业环境监测与调控 …… 181
第五节　物联网平台下的农业云服务 …… 189

第六章　机器学习算法在农业决策支持中的实践 …… 200
第一节　决策树与随机森林在农业风险评估中的应用 …… 200
第二节　支持向量机在农业分类问题中的应用 …… 203
第三节　强化学习在农业自动化控制中的探索 …… 205
第四节　贝叶斯网络在农业决策分析中的构建 …… 208
第五节　综合决策支持系统设计与实现 …… 210

第七章　深度学习优化算法与农业模型训练 …… 213
第一节　优化算法基础与比较 …… 213
第二节　分布式训练与并行计算 …… 219
第三节　模型压缩与加速技术 …… 226
第四节　迁移学习在农业场景中的应用 …… 233
第五节　终身学习在农业模型更新中的实践 …… 237

第八章　农业信息化人才培养与团队建设 …… 245
第一节　跨学科人才培养体系 …… 245
第二节　实战项目与竞赛促进 …… 247
第三节　校企合作与产学研结合 …… 250
第四节　团队文化建设与激励机制 …… 252

参考文献 …… 255

第一章 深度学习基础与农业应用概览

第一节 深度学习基本概述

一、学习的定义

对每个人来说，学习是一生中的一项重要活动。只有在学习之后，我们才能拥有生存技能和发展潜力。

教育学和心理学的研究者对学习有不同的定义。经过归纳，本书将学习的定义概括为两种：一种是将学习行为的定义概括为人类个体在习得阶段对各种知识的获取；另一种是将学习行为概括为一个有益的过程，可以通过学习保持学习行为主体的相关潜力。

综合分析以上两种定义，第一种是学习行为中的知识获取，第二种是知识获取过程以及知识给学习者带来的变化。因此，后一种定义更为全面。

从学习心理学的角度来看，人类的学习过程是非常复杂的，既涉及个体的内部过程，也涉及个体的外部过程。

二、浅层学习与深度学习

（一）浅层学习的定义

研究人员对浅层学习的常见定义如下。

观点一，浅层学习指的是将信息作为孤立和无关的事实进行接受和记忆。这种学习导致学习者对材料的肤浅认识和短期记忆，但不能促进对知识和信息的理解与长期保存。

观点二，浅层学习是一种机械的学习方式。学习者通常被动地接受学习内容，只是简单地记住或复制书本知识或教师讲授的内容，但不理解内容。

基于文献分析，本书认为，浅层学习主要是一种简单的知识记忆、思维方式和无思维的应用的学习方法。学习者对知识的短期记忆很肤浅，其目标是通过考试，因此他们很少与他人交流。浅层学习作为一种更机械的学习方法，要求学习者被动地接受学习内容，导致学习者往往不理解教师所教的内容，因此前后无法实现整合。

（二）深度学习的定义

本书的深度学习指的是教育学中的深度学习概念，而非计算机学中的深度学习。深度学习（deep learning，DL）最初就是对学生的学习结果进行分层而得出的概念。

从本质上讲，深度学习是指学习者在理解学习的基础上批判性地学习新的思想和事实，并将它们整合到原有的认知结构中，将许多思想联系起来，把现有的知识转移到新的情境中，做出决策和解决问题的学习。深度学习是从揭示问题开始的。

（三）浅层学习与深度学习的比较

浅层学习和深度学习这两个相对概念是由瑞典学者费尔伦斯·马顿（Ference Marton）和罗杰·赛利欧（Roger Saljo）最先提出的。

深度学习理论在我国也引起了大量的讨论，许多专家学者也进行了相关的探讨和研究。深度学习和浅层学习既不相互独立也不矛盾。

学习实际上是一个从浅到深的连续过程。一般来说，浅层学习是深度学习的基础。学生必须调动简单记忆，以基础知识为铺垫，解决难题，进行深度学习。

1. 深度学习是主动性的学习

在两种学习风格下，学习者的学习动机是不同的。学习者的浅层学习动机来自外部，即取得成绩和获得他人的认同，一旦出现心理波动，他们的动机就会减弱；深度学习强调积极的终身学习，学习动机来源于自我发展，是一种有自我存在感的有价值的学习。通过知识的体验，我们可以提高自己的能力和素质，逐步养成良好的思维习惯。

2. 深度学习是理解性的学习

与深度学习相比，浅层学习只允许学习者以一种模式浅层地掌握知识，浅层地进行机械化记忆，用大量时间巩固记忆；而深度学习强调理解学习，要求学习者通过自己的思维提出问题，批判性地理解事物的本质，并挖掘隐藏在知识层面的思想和想法，学习者不再只是机械地记忆，而是通过自己的思维方式来看待和理解问题。

3. 深度学习是有关联的学习

浅层学习更多的是处理考试的模块化，而深度学习是指在探索生活实例的过程中发现问题，在原有的认知结构中找到解决方案，并创造性地找到新的方法来实现知识的转移和应用这一目的。

4. 深度学习是体系化的学习

在浅层学习下，学习者建构的知识结构简单，不重视关联性，不与日常经验相结合。它只是一种简单的知识积累，难以形成系统，在解决问题时会造成混乱。

深度学习强调知识之间的联系，它在现有知识的基础上，对获取的新信息进行整合，构建新的知识体系或将其整合到现有的知识体系中，不断建立知识层次。

基础知识在学习者的理解中积累和沉淀，从而站在更高的角度看待新问题，产生新的理解视角，知识体系可以在学习者的学习过程中不断补充、延伸和完善。

5. 深度学习是反思性的学习

肤浅的学习者往往缺乏独立思考的能力，只是简单而机械地跟随教师的想法，没有突破，简单地重复他们所学的内容。而深度学习强调及时反思，要求学习者拥有明确的自我意识，通过教师的不断评价及时反思自己存在的问题，从而准确、高效地达到高质量的学习效果。

总之，深度学习是一种重视学习者内在阶梯发展，引导学习者积极接受知识，使其具有清晰的理解、迁移和应用知识能力的学习方法。不过，我们不能因为深度学习的出现而放弃浅层学习。例如，浅层学习具有机械记忆的特点，一些知识学习者也需要通过记忆来积累知识，以便自己使用。浅层学习和深度学习之间没有非此即彼的关系，它们分别属于学习过程的初级阶段和高级阶段。

教师应该引导学习者灵活地、交替地使用浅层学习和深度学习，区分新知识是否具有学习基础和学习者的自然体验，从而最终达到学习者创造性学习的目的。

三、深度学习的层次

深度学习研究的代表人物本杰明·布鲁姆（Benjamin Bloom）将人的认知目标进行分层，其层次分别如下。

层次一：知道（know）。这一层次侧重于知识的简单记忆，如对事实的记忆、方法的重复、过程的识别、概念的再现等。

层次二：领会（understand）。这一层次的重点是考查学习者是否能够理解学习材料的实际意义和中心思想，是否理解材料的本质。在这里，学习者的理解程度体现在三种形式上：①转化，即学习者用自己的想法描述知识，以不同于学习材料的方式表达材料的内容和意义；②说明，即学习者结合自己对学习材料的理解进一步说明学习材料；③推理，即学习者结合学习材料和自身固有知识分析材料模块之间的关系，并客观预测其趋势。

可以看出，在理解层面上，它已经从学习者对知识的简单记忆提升到对知识的基本理解。

层次三：应用（application）。学习者将获得的知识扩展到新的应用环境中，可以反映对知识的进一步理解。

层次四：分析（analysis）。学习者将获取的知识分解为清晰的知识，并将其变成知识元素的集合。同时，分析可以定义和描述多个要素之间的有机关系，帮助学习者合理理解要素之间的组织原则。可以看出，这一层次可以反映学习者对知识的更高应用。学习者不仅需要对知识内容有深入的理解，而且应该掌握知识模块结构与不同模块之间的有机关系。

层次五：综合（comprehensive）。经过知识的内化，学习者将所有知识模块加工成一个有机的整体。此时，学习者可以使用集成的知识来制定解决问题的方案，并总结一些错误的逻辑关系。可以看出，这一层次侧重于考查学习者利用现有知识进行再创造的能力和水平。

层次六：评价（evaluation）。学习者将内化的知识结合起来，根据客观标准对其他事物进行评价和判断。这是深度学习的最高水平。

四、深度学习的特征

（一）知识的识别与转化

知识的识别与转化是指将已有知识进行提取、识别，再整合到新知识中去，实现新旧知识的关联与转化。

学生在学习的过程中，首先要处理的就是新知识与以往学习经验之间的相互转化问题，通过利用以往的学习经验来开展当前的学习，使得当前的学习内容与以往的学习经验之间建立起一种关联，将所学知识转化为学生自身容易理解、接受并能熟练掌握的内容。

学生将知识转化的过程实际上是知识重新整合的过程，通过自身理解、记忆以及相互转化、关联对所学知识进行吸收。

例如，正方形是特殊的长方形，我们能够用长方形的性质特征来形容它，以加深对长方形知识的理解与应用，也可以进一步掌握正方形的特殊性。可见，学生所学的这些知识并不是零散、杂乱无章的，而是有逻辑、有关联的，这一点在数学学习过程中尤为明显。另外，学生在学习的过程中也并不孤立，教师会全程引导，增长学生的知识经验，调动学生的课堂情绪，发挥学生对知识的联想，从而构建出适合学生自身的结构体系。

（二）知识的体验与感知

知识的体验与感知是深度学习的核心部分，强调的是学生全身心地投入理解知识，主动地去感受知识所呈现的情境。

学生自发的课堂活动是学生全身心投入课堂教学的内在体验。学生的学习不是被动地接受教师的灌输，也不是自身的盲目学习，而是主动的、有目的的学习，它需要学生作为教学活动的主体全身心地投入其中，体验其中的真实感与学习乐趣。

学生要想成为学习的主体，就得积极地参与到教学活动中，通过自身的观察、思考和内心感受去了解知识的发现、形成和发展过程。这一点在教学实践中很容易被忽视，因为学生所习得的知识往往只是人类所了解的知识的基础，却无法体会到知识的发展与形成过程。

通常的状态是师生直接进入概念和原理部分，知识传递成了目的，教师直接对知识进行"灌输""平移"，忽视了对知识发展过程的学习。

学生对知识的感知尤其重要。当然，学生的这种教学体验不可能回到人类最初发现知识的情形，因此教师需要精心设计教学内容和过程。

学生可以大致模拟人类发现知识的主要环节，将数字符号还原为现实，将静态知识转化为动态知识，真正体会知识本身的内涵和意义。这是学生探索、发现和体验的过程，是学生课堂情感的最大限度发挥。

例如，在学习圆的面积时，教师可以给学生讲解圆面积知识的发展历史，从欧几里得的《几何原本》中给出圆的面积比命题，到阿基米德最早给出圆的精确面积，再到中国汉代数学名著《九章算术》所记载的圆面积公式。

通过这一系列历史的讲解，学生将感同身受，体会到从历史到课堂的转化，感受到教学来源于生活，又最终应用到生活，明确所学内容在个人成长及人类发展中起到的重要作用。

（三）知识的分析与加工

知识的分析与加工是指对所学内容进行更深层的处理。这就要求学生在理解的基础上掌握所学内容的本质属性，并把握其内在联系。

把握事物本质就是对所学内容进行深度加工的过程。例如，学生要判断两条直线平行，就必须从平行线的性质入手。学生所学、所了解的事物本质不是直接通过教师的文字描述，而是通过学生自身的活动去把握的，如质疑、探究、归纳、体验等，使自身与所学内容之间建立一种关联。

只有这样，才会显现出事物的本质，并使其生动鲜活。而把握事物的本质则要求学生在解决数学问题时应具备深刻而敏捷的思维，也就是对基本原理、基本法则的加工，不仅能够由简到繁，而且能让学生学会举一反三，从而形成对所学内容深度加工的能力，最终达到提高学生思维水平的目的。

（四）知识的迁移与应用

知识的迁移与应用是指将所学知识从教学活动中转移，应用到生活实践中去。学生通过创新、综合运用，将所学知识转化为个人经验、实践能力。

学习的过程会产生迁移，这种迁移是检验学习效果的最佳途径。事实上，学习上的迁移还是一个循环过程，学生将所学知识迁移应用到实际中来，又将实际问题迁移到学习中解决，如此循环形成一个封闭、高效的系统，使学习变得深刻而生动，这大大增强了学生的学习主动性、积极性。

迁移是对加工的验证，与转化之间也是相互对应的，有了对知识的转化，知识才能实现迁移，才能更好地应用于实际。

在深度学习中，迁移是对以往经验的扩展与提升，是现有知识与以往经验的科学结合，是将升华提炼后的知识具体化、可操作化的过程。迁移体现了学生的学习成果，体现了教育的重要意义，将教学活动运用到实际生活，是学生以后成长和发展的铺垫。

（五）知识的评价与价值

知识的评价与价值是指通过对所学知识进行批判、评价，形成正确的人生观、价值观，形成自主发展的核心素养。教育是培养人的活动，以人的成长作为终极目标。深度学习是指通过教学活动，学生自觉学习，形成科学的人生观、价值观。另外，在开展教学活动的同时，教师要引导学生在课堂情境中进行批判性学习，形成对事物辩证分析的能力。

学生学习知识是为了更好地应用知识，而不是被知识所奴役。学习的过程也是学生不断成长的过程，对事物的反思、批判、评价也是伴随着这一过程逐步形成的。

学生通过这种评价意识到自身的不足与局限，对所学知识进行质疑。也就是说，学生在深度学习的过程中慢慢形成这样的品质：对知识的价值，既能应用，又能跳出其局限；对知识的索取，既能主动面对，又能客观分析；对知识的学习过程，既能认真对待，又能合理批判。这是学生所应具备的科学素养。

学生的教育与成长是一个循序渐进的过程。在这个过程中，学生不仅学到了知识，而且也得到了成长，只有正当、合理、科学的教育方式才有利于其成长。对所学知识的批判与评价，既是手段也是目的，其目的就是要培养学生形成理性的思维与科学的价值观。

五、支持深度学习的课堂对话模式

通过对课例问题关联性与学生回答深度的具体分析，有研究发现，中美数学课堂都注重学生对知识的理解和应用，在整体的问题设计上通过有内在关联的问题循序渐进地发展学生的深度学习能力。

在支持学生个体深度学习的层面，结构性的"评价—证明—提示"追问模式可以让学生在论证自己的观点的过程中形成具有逻辑性的思维方式，逐步引导学生在具体的题目要素和数学概念之间建立联系，从而支持学生的深度理解。

开放性的"解释—澄清"追问模式可以引导学生的进一步回应，学生在澄清自己思考过程的同时厘清了具体要素和概念之间的联系，呈现出了更具有逻辑性的内容，从而使学习逐步深入。

"反思—阐述—补充"追问模式可以引导学生将具体的学习内容关联到概括性的概念知识和认知策略，使得不同的观点在课堂中交流碰撞，增加课堂反思的广度和深度。

在支持班级整体深度学习的层面，教师在问题中创设异议情境可以激发学生的不同观点，通过论证、比较和分析这些不同观点，师生共同挖掘概念、程序或观点之间的核心联系，从而有效支持班级的深度学习。

教师在反馈中复述学生话语，不仅表达了对学生想法的倾听和肯定，而且可以表达学生的观点、立场，诱发其他学生对其观点进行评价，在不同的观点和知识之间建立联系，促进生生互动。而教师综合利用多种类型的追问可以将过于概括的深层思维水平回答拆解为浅层回答，总结提炼其中的重要联系和思维方法，再引导全班讨论，形成"由深入浅再入深"的拆解结构，从而支持班级全体学生的深度学习。

六、深度学习的理论基础

（一）情境认知理论

情境认知理论认为，知识是个体根据自身经验建构意义的结果。学习是个体在与情境互动中创造意义的过程。学习应该在特定和有意义的情境中进行，并且会受到特定任务或问题情境的深刻影响。

情境通过活动创造知识。也就是说，知识是情境化的，通过学生参与实践来理解和掌握，在知与行的相互交错中进行构建。情境认知论强调，学习的设计要采用教学内容与实践活动相结合的方式，让学习者在真实的情境中体验学习，将知识的获得与自身的发展有机结合到一起。学习的目的不是单纯地掌握理论知识，而是将理论知识熟练应用到现实情境中。

这一观点反映了一种多维综合学习的视角。德布洛克（Deblock）曾将学习概括为以下四个维度的整合：①从事实到概念，从关系到结构；②从事实到方法，再到学科方法论，再到学科本质观；③从认识到理解，再到应用，再到综合；④从有限迁移到中等迁移，再到全面迁移。第一个维度强调从事实出发创设情境，理解概念和原则，并在此基础上形成结构化知识；第二个维度强调学科的方法和过程，形成方法，拓展思路，发展基于事实的思维；第三个维度强调知识的探索、分析、应用和整合，从理论上升到应用，再从具体应用中总结提炼；第四个维度强调将知识运用于具体事物，从生活经验过渡到学习应用科学，并在应用中形成反思和质疑的思维模式。

深度学习所强调的知识深度加工是在特定的学习情境中，通过实践教学激发学生的学习兴趣，实现知识最大限度的应用。这可以从学生和教师两个方面分析。在学生方面，学生在实践中发现问题、提出问题，通过理论知识的学习，将知识应用到实际生活中，学以致用。在教师方面，教师在教学设计上要从实际情境中提取案例，通过视频播放、实地教学等方式，使学生身临其境，激发学习兴趣，促进知识的理解与掌握。

情境认知理论强调知识与活动不可分割，知识是自身经验建构的意义结果，学习是个体在情境中创设的意义过程。它所体现的四个维度的整合与深度学习的特征相吻合。情境认知理论是深度学习得以促进和发展的重要理论依据。同样，深度学习在情境教学方式设计、情境搭建等方面都可以从情境认知理论中找到理论支撑。

（二）元认知理论

元认知是对认知的认知，是指学习者对认知活动的自我意识和自我调节。例如，在学习中，学生不仅要感知和记忆知识与其他认知活动，而且要及时调整自己的认知活动，使自己的学习活动处于积极的状态。

如果学生的元认知能力处于较高水平，他们可以有效地监控和调整自己的学习过程。如果当前的学习风格影响学习效果，他们可以及时调整自己的学习风格和学习状态，进而提高学习效率。

深度学习与元认知相互促进。一方面，学生通过整合新旧知识和经验，形成新的认知结构，反思和调节学习过程，从而促进元认知的发展；另一方面，学生通过监控和调整自己的认知过程，加强对复杂知识的理解，对存在的问题及时采取纠正策略，促进深入学习。

（三）建构主义理论

建构主义倡导通过学习者对新知识和已有知识的互动，实现对新知识的理解，而学习者知识的获取必须充分与自身已有知识和经验主动建构，才能真正完成信息行为。以下这些理念是深度学习模式的理论基础。

1. 建构主义知识观

建构主义知识观的主要观点可以总结为以下几方面。

第一，不能仅仅把知识看作对现实世界的描述，其与客观世界更准确的关系是解释和假设。

第二，知识并非天生便可对世界上所有的规则进行定义。在日常的实践中，知识并非随手可得的工具，必须在被利用时结合具体问题进行再创造。

第三，知识很难以实体的形式存在。知识必须与特定的个人相结合。虽然知识的定义以语言的形式加以描述，但它必须以具体事实为背景，与具体情况密切相关。

2. 建构主义学习观

建构主义理论认为，学习过程并不是简单地将知识从教师传递给学生。真正的学习必须在特定的情况下进行。在教师的指导和帮助下，学习者通过必要的信息资源主动建构知识，这是一个有机的过程。在这个过程中有两个要素：一个是同化，另一个是适应。

具体来说，同化是指学习者在建构所学知识的过程中，必须将已有的知识与所学的新知识有机地结合起来，最终建构新的知识，并将新知识带入已有的知识结构中；适应过程是指由于学生建构了新的知识，原有的知识必须在其固有的认知系统中重新组织和分类。例如，一旦学习者的新知识与固有知识发生冲突，固有结构将随着新知识的到来而重新组织。

3. 建构主义技术应用观

在技术应用方面，建构主义观点认为，学习者真正获得的知识并非直接来自教师或技术指导，他们学习行为的核心在于自身的思维。

建构主义认为，学习者的思维是学习的必然，学习者真正通过思维过程获得知识，思维的地位非常重要。为了培养学习者的思维能力，教育者应该为他们提供充分的发展和成长机会，并创造相关的活动和技术支持。学习者的不同活动应该有与之相对应的不同思维形式。这些形式非常广泛，主要包括背诵、设计、解决问题等。

上述活动可以通过教师和技术的帮助来实现，但教师和技术的帮助总是属于间接活动，真正起作用的是学习者自身的思维。

可以看出，在建构主义理论中，学习是知识意义的建构、知识的成长、新旧经验的互动和对理解的探索。因此，它符合深度学习的原则和目标。同时，它也是深度学习的理论基础。

（四）认知灵活性理论

认知灵活性理论突出了学习者怎样获取复杂知识，以及如何对这些习得的知识进行有效迁移，同样是深度学习的有机组成部分。

认知灵活性理论不符合知识的机械限制，学习者可以被动地学习和理解知识，但该理论不完全同意建构主义过于重视非结构化部分，主张概念性学习和非概念性学习并重。

认知灵活性理论的核心观点包括两个方面：首先，学习者在学习的过程中应该结合所学的知识为自身提供必要的建构基础材料与信息；其次，教育者应为学习者提供知识建构的足够空间，使学习者可以结合实际问题引入有针对性的认知策略。

由此可知，知识分为两个大类，一是良构知识，二是非良构知识。前者指的是在某一主题之下的成型的概念、定理等，具有标准化的性质；后者指的是人们在解决具体问题时必需的知识，即应用性的知识。与此相对应，我们可以将学习者的学习行为也分为两个类别，一类是初级学习，另一类是高级学习。前者与良构领域知识对应，后者则与非良构领域知识对应。

可见，认知灵活性理论倡导在理解学习的基础上，学习者能够批判性地学习新的思想和事实，并把它们融入原有的认知结构中，这与深度学习的目标不谋而合，能够为深度学习的模式构建提供很好的借鉴。

第二节 农业数据特性与预处理

一、农业数据特性分析

（一）农业数据的多样性

多样性是农业数据最显著的特点之一，这种多样性体现在数据来源、数据类型、数据格式以及数据应用的广泛性上。首先，农业数据的来源极为广泛，包括但不限于农田环境传感器、卫星遥感图像、无人机采集的高清影像、农业物联网设备、农民日常记录、农业市场报告以及政府发布的统计数据等。这些多样化的数据来源，为农业研究、管理和决策提供了丰富的信息资源。

从数据类型来看，农业数据涵盖了数值型、文本型、图像型、视频型等多种类型。数值型数据（如土壤湿度、温度、pH 值等）是农业环境监测的基础；文本型数据（如农产品价格、政策文件等）为农业市场分析和政策制定提供依据；图像和视频型数据则广泛应用于作物生长监测、病虫害识别等领域。这种数据类型的多样性要求农业数据处理和分析技术必须具备高度的灵活性和适应性。

数据格式的多样性也是农业数据的一个重要特征。不同的数据来源和数据类型往往采用不同的数据格式，如 CSV、JSON、XML、TIFF 等。为了有效地利用这些数据，人们需要进行数据格式的转换和标准化处理，以确保数据的兼容性和可访问性。

此外，农业数据的多样性还体现在其应用的广泛性上。从作物种植、畜牧业、渔业到农产品加工、销售等各个环节，都离不开农业数据的支持。这种广泛的应用场景使得农业数据成为推动农业现代化、提高农业生产效率和实现农业可持续发展的重要力量。

（二）时空动态性与季节性

农业数据的时空动态性与季节性是其另一个重要特性。农业活动与自然环境和气候条件密切相关，因此农业数据具有很强的时空动态性。这种动态性不仅体现在数据随时间的变化上，还体现在数据在空间分布的差异上。例如，土壤湿度、温度等环境参数会随着时间和地理位置的不同而发生变化；作物的生长状况也会因季节、气候、土壤条件等因素而有所不同。

季节性是农业数据时空动态性的一个重要表现。农作物的生长周期具有明显的季节性特征，不同季节的农业活动也各不相同。因此，农业数据在不同季节会呈现出不同的特点和规律。例如，在春季，农民需要关注作物的播种和生长情况；在夏季，农民需要关注作物的灌溉和病虫害防治；在秋季，则是作物收获和储存的关键时期；而冬季则主要进行农田的休耕和土壤养护。这种季节性特征要求农业数据处理和分析技术必须具备时间敏感性和空间分析能力，以便及时准确地反映农业活动的实际情况和变化趋势。

（三）数据质量的不一致性

农业数据的质量不一致性是制约其有效利用的一个关键因素。由于数据来源的多样性和数据采集方式的差异，农业数据在准确性、完整性、一致性等方面往往存在较大的差异。例如，农田环境传感器可能因设备老化、维护不当或环境干扰等原因导致数据偏差；农民日常记录可能因个人经验、主观判断或疏忽大意而出现错误或遗漏；卫星遥感图像和无人机采集的影像数据则可能受到天气、云层、光照等因素的影响而降低质量。

数据质量的不一致性不仅会影响农业数据分析的准确性和可靠性，还会对农业决策和管理产生误导。因此，在利用农业数据之前，我们必须对数据质量进行严格的评估和预处理。这包括数据清洗（去除噪声、纠正错误）、数据整合（将不同来源的数据合并为一个统一的数据集）、数据标准化（将不同格式、单位的数据转换为可比较的格式和单位）等步骤。这些措施可以提高农业数据的质量和可用性，为农业研究和决策提供有力的支持。

（四）数据的隐私与安全性

农业数据的隐私与安全性是其在利用过程中必须高度重视的问题。随着农业信息化和智能化的快速发展，大量的农业数据被采集、存储和分析。这些数据中包含了大量敏感信息，如农民的个人信息、农田的地理位置、作物的种植情况等。这些信息一旦泄露或被滥用，可能会对农民的个人隐私、农田的安全以及农业生产的稳定性造成严重影响。

因此，我们在利用农业数据时，必须采取有效的措施来保障数据的隐私与安全性。这包括建立完善的数据管理制度和流程，明确数据的采集、存储、处理、传输和销毁等环节的安全要求；采用先进的数据加密技术和访问控制机制，确保数据在传输和存储过程中的安全性和完整性；加强数据管理人员的安全意识培养和技术能力提升，防止因人为因素导致的数据泄露和滥用。同时，相关部门还需要加强对农业数据隐私与安全性的监管和执法力度，对违法违规行为进行严厉打击和惩处。

二、数据预处理流程

在农业信息化与智能化的进程中，数据预处理是确保数据质量、提升数据分析效果的关键环节。一个完整的数据预处理流程通常包括数据收集与整合、数据清洗与去噪、数据转换与标准化以及数据增强与扩充四个主要步骤。以下是对这四个步骤的详细分析。

（一）数据收集与整合

数据收集是数据预处理的第一步，也是整个流程的基础。在农业领域，数据来源广泛且多样，包括但不限于农田环境传感器、无人机航拍、卫星遥感、农民日常记录、农业市场报告等。这些数据分布在不同的系统、平台和设备中，因此，数据收集需要解决的首要问题是如何有效地汇聚这些分散的数据资源。

数据整合则是在数据收集的基础上，将来自不同渠道、不同格式的数据进行统一处理，形成一个完整、一致的数据集。这一步骤的关键在于解决数据格式不统一、数据冗余、数据冲突等问题。数据整合可以消除数据间的壁垒，为后续的数据清洗、转换和分析提供便利。

数据收集与整合需要注意保护数据的隐私与安全。我们在收集数据时，应明确告知数据提供者数据的用途、范围和保护措施；在整合数据时，应确保数据的合法性和合规性，避免侵犯个人隐私和商业秘密。

（二）数据清洗与去噪

数据清洗是数据预处理的核心环节之一，其目的在于提高数据质量，确保数据的准确性和可靠性。在农业数据中，由于采集设备的精度限制、环境因素的干扰以及人为操作的失误等原因，数据中往往存在噪声、缺失值、异常值等问题。这些问题如果得不到处理，将会对后续的数据分析产生负面影响。

数据清洗的主要任务包括识别并处理噪声数据、填充或删除缺失值、纠正异常值等。在处理噪声数据时，我们需要根据数据的特性和应用场景选择合适的去噪方法，如平滑处理、滤波处理等；对于缺失值，需要根据数据的分布规律和业务逻辑选择合适的填充策略，如均值填充、中位数填充、众数填充或基于模型的预测填充等；对于异常值，则需要根据数据的特点和业务需求进行判断和处理，如直接删除、修正或标记为异常等。

在数据清洗过程中，我们需要保持对数据质量的持续监控和评估，通过定期的数据质量检查和分析，及时发现并纠正数据中的问题，确保数据的准确性和可靠性。

（三）数据转换与标准化

数据转换与标准化是数据预处理的重要环节之一，其目的在于将原始数据转换为适合分析的形式，并消除数据间的量纲差异和单位不一致等问题。农业数据由于具有来源多样性，往往具有不同的格式、单位和量纲。这些数据如果不经过转换和标准化处理，将无法进行有效的比较和分析。

数据转换的主要任务包括数据格式的转换、数据类型的转换以及数据结构的调整等。我们通过数据格式的转换，可以将不同格式的数据转换为统一的格式；通过数据类型的转换，可以将文本型数据转换为数值型数据等；通过数据结构的调整，可以将复杂的数据结构简化为适合分析的形式。

数据标准化的主要任务包括数据的无量纲化处理、归一化处理以及标准化处理等。我们通过无量纲化处理，可以消除数据间的量纲差异；通过归一化处理，可以将数据转换到同一尺度上；通过标准化处理，则可以将数据转换为均值为0、方差为1的标准正态分布形式。这些处理方法有助于提高数据分析的准确性和稳定性。

（四）数据增强与扩充

数据增强与扩充是数据预处理的重要补充环节之一，其目的在于通过增加数据的数量和多样性来提高模型的泛化能力和鲁棒性。在农业领域，由于数据采集成本高、数据标注难度大等原因，往往存在数据稀缺的问题。数据增强与扩充技术可以在不增加额外采集成本的情况下，有效地增加数据的数量和多样性。

数据增强的主要方法包括图像变换（如旋转、缩放、裁剪、翻转等）、颜色变换（如亮度调整、对比度调整、颜色空间转换等）以及噪声添加等。这些方法可以在保持数据本质特征不变的前提下，生成大量与原始数据相似但又不完全相同的新数据。通过将这些新数据加入训练集中，可以提高模型的训练效果和泛化能力。

数据扩充则是指通过收集更多样化的数据来丰富数据集的过程。在农业领域，我们可以通过扩大数据采集范围、增加数据采集频率、引入更多种类的数据源等方式来实现数据扩充。同时，我们也可以利用迁移学习等技术将其他领域的数据迁移到农业领域中来扩充数据集。数据扩充技术可以进一步提高模型的鲁棒性和适应性。

三、缺失值处理策略

在农业数据分析中，缺失值是一个常见且重要的问题。有效处理缺失值对于保证数据质量、提高分析结果的准确性和可靠性至关重要。本书将从缺失值识别与统计、插值法与替代法、基于模型的预测填充以及缺失值对模型训练的影响评估四个方面进行详细分析。

（一）缺失值识别与统计

缺失值处理的第一步是识别数据中的缺失值并进行统计。在农业数据集中，缺失值可能以空值、NaN（Not a Number）、特殊符号（如"-""N/A"等）或其他形式存在。因此，在识别缺失值时，我们需要明确这些标识方式，并编写相应的代码或脚本进行查找。

统计缺失值的主要目的是了解缺失值的分布情况，包括缺失值的数量、比例以及在不同变量或不同数据集中的分布情况。这些信息对于选择合适的缺失值处理策略至关重要。例如，如果某个变量的缺失值比例非常高，可能需要考虑是否该变量对于分析任务来说是不必要的，或者是否可以通过其他方式获取该变量的信息。

（二）插值法与替代法

插值法和替代法是处理缺失值的两种常用方法。插值法是通过已知的数据点来估计未知数据点的方法。在农业数据中，常用的插值方法包括线性插值、多项式插值、样条插值等。这些方法适用于数据具有某种连续性或趋势性的情况。然而，需要注意的是，插值法可能会引入额外的误差，尤其是当数据分布复杂或缺失值较多时。

替代法则是用某个特定的值来替换缺失值。这个特定的值可以是该变量的均值、中位数、众数，也可以是其他基于数据分布或业务逻辑的合理估计值。替代法的优点是简单易行，缺点是可能会扭曲数据的原始分布特征，特别是当缺失值较多或数据分布偏斜时。

在选择插值法或替代法时，我们需要根据数据的特性和分析任务的需求进行权衡。如果数据具有明显的连续性或趋势性，且缺失值数量相对较少，我们可以考虑使用插值法；如果数据分布复杂或缺失值较多，且对数据的精确性要求不高，可以考虑使用替代法。

（三）基于模型的预测填充

基于模型的预测填充是一种更为高级和复杂的缺失值处理方法。该方法利用已有的数据建立预测模型，然后利用该模型来预测缺失值。在农业数据中，常用的预测模型包括线性回归、决策树、随机森林、神经网络等。这些模型可以根据数据的不同特征和关系来建立预测规则，从而实现对缺失值的准确预测。

基于模型的预测填充的优点在于能够充分利用数据中的信息来预测缺失值，减少人为干预和误差。然而，该方法也存在一些挑战和限制。首先，模型的建立需要足够的数据和计算资源；其次，模型的准确性和稳定性受到数据质量、模型选择、参数设置等多种因素的影响；最后，模型的预测结果可能存在一定的不确定性，需要谨慎评估其可靠性。

（四）缺失值对模型训练的影响评估

在处理缺失值之后，我们还需要评估缺失值对模型训练的影响。这包括评估不同缺失值处理策略对模型性能的影响，以及评估缺失值本身对模型训练的影响。

评估不同缺失值处理策略对模型性能的影响可以通过对比不同策略下模型的准确率、召回率、F1分数等指标来实现。这些指标可以反映模型在不同处理策略下的表现差异，从而帮助选择最优的缺失值处理策略。

我们评估缺失值本身对模型训练的影响则需要考虑缺失值的数量、比例以及分布特征等因素。一般来说，缺失值数量越多、比例越高，对模型训练的影响就越大。此外，缺失值的分布特征也可能影响模型的训练效果。例如，如果缺失值主要集中在某些特定的数据点或数据区间内，那么这些区域的数据可能会对模型的训练产生更大的影响。

我们通过评估缺失值对模型训练的影响，可以进一步了解缺失值问题的严重性和复杂性，为后续的数据预处理和模型优化提供有力支持。

四、异常值检测与处理

在农业数据分析中，异常值是一个不容忽视的问题。它们可能是由测量误差、数据录入错误、极端自然现象或数据本身的固有特性引起的。异常值的存在会干扰数据分析的结果，影响模型的准确性和可靠性。因此，有效的异常值检测与处理是确保数据质量的关键步骤。

（一）异常值定义与识别方法

异常值又称离群点，是指那些与数据集中其他数据点显著不同的观测值。这些值可能是由于随机误差、数据输入错误或系统偏差等原因产生的。在识别异常值时，我们需要明确异常值的定义，并选择合适的识别方法。

常见的异常值识别方法包括基于统计分布的方法（如 Z-score、IQR 等）和基于距离的方法（如 K-最近邻、局部密度估计等）。基于统计分布的方法通过计算数据点的统计量（如均值、标准差）来判断其是否为异常值。例如，Z-score 方法通过计算数据点与均值的差除以标准差得到的值来判断其是否超出正常范围。IQR（四分位距）方法则是基于数据的四分位数来计算异常值的范围。基于距离的方法则是通过计算数据点与其他数据点之间的距离或密度来判断其是否为异常值。

（二）统计分析法与聚类分析

在异常值检测中，统计分析法和聚类分析是两种常用的方法。统计分析法主要依赖于数据的统计特性来识别异常值。除了前面提到的 Z-score 和 IQR 方法外，还有如 t 检验、卡方检验等统计方法也可以用于异常值的检测。这些方法通过比较数据点与整体数据集的统计特性差异来判断其是否为异常值。

聚类分析则是一种无监督学习方法，它通过将数据集中的数据点划分为不同的群组（即聚类）来发现数据中的内在结构和模式。在异常值检测中，聚类分析可以通过识别那些不属于任何主要聚类的数据点来发现异常值。这种方法特别适用于那些没有明确异常值定义或数据分布复杂的情况。

（三）异常值处理策略

一旦识别出异常值，我们就需要采取适当的处理策略。常见的异常值处理策略包括删除、修正和标记。

删除是最直接的处理方式，即将异常值从数据集中移除。然而，这种方法可能会导致信息丢失，特别是当异常值数量较多时。此外，如果异常值是由于数据本身的固有特性（如极端自然现象）引起的，则删除它们可能会掩盖数据中的真实信息。

修正是另一种处理策略，即根据数据集的统计特性或业务逻辑来修正异常值。例如，我们可以使用均值、中位数或众数等统计量来替换异常值。然而，修正异常值需要谨慎进行，避免引入新的误差。

标记是一种更为保守的处理策略，即不直接删除或修正异常值，而是在数据集中对其进行标记。这样可以使我们在后续的数据分析或模型训练中特别关注这些异常值，或者通过其他方式处理它们。

（四）异常值对数据分析的潜在影响

异常值对数据分析的潜在影响是多方面的。

首先，异常值会干扰数据分析的结果，导致分析结果偏离真实情况。例如，在回归分析中，异常值可能会改变回归线的斜率或截距，从而影响模型的预测精度。

其次，异常值会影响数据集的统计特性，如均值、标准差、方差等。这些统计特性是数据分析的重要基础，如果受到异常值的影响，则可能会导致后续分析的误差。

最后，异常值还可能影响模型的稳定性和可靠性。在机器学习领域，异常值可能会导致模型过拟合或欠拟合，从而降低模型的泛化能力。

因此，在数据分析过程中，我们需要重视异常值的检测与处理工作，通过选择合适的识别方法和处理策略来减少异常值对数据分析的潜在影响，从而确保分析结果的准确性和可靠性。

第三节　深度学习框架与工具介绍

一、主流深度学习框架概览

（一）TensorFlow 及其生态系统

TensorFlow 是由 Google 开发并维护的深度学习框架，自推出以来便以其丰富的功能和灵活的架构赢得了广泛的认可和应用。TensorFlow 的核心优势在于其提供了静态图和动态图的混合编程模式，允许用户根据自己的需求选择最适合的编程风格。TensorFlow 2.x 版本默认启用了动态图模式，极大地简化了模型的构建和调试过程。

TensorFlow 生态系统是一个庞大而多样化的集合，包括多个工具、库和平台，用于支持从模型构建、训练到部署的完整流程。其核心库 TensorFlow Core 提供了张量操作、计算图、自动微分等基本功能，是构建深度学习模型的基础。此外，TensorFlow 生态系统还包含了多个重要的扩展库，如 TensorFlow Lite、TensorFlow Extended (TFX)、TensorFlow Serving 等，这些库分别针对移动设备和嵌入式系统、端到端机器学习工作流、模型部署等特定场景提供了优化解决方案。

TensorFlow Lite 是专为移动设备和嵌入式系统设计的轻量级库，它可以将 TensorFlow 模型转换为优化后的格式，以便在资源受限的环境中进行高效的机器学习推断。TFX 则是一个用于构建端到端机器学习工作流的扩展库，集成了数据预处理、特征工程、模型训练和部署等多个组件，为构建复杂的机器学习系统提供了强大的支持。

TensorFlow 的灵活性和可扩展性还体现在其广泛的社区支持和丰富的文档资源上。全球范围内的开发者、研究人员和工程师都在使用 TensorFlow，并为其贡献了大量的教程、示例和最佳实践。这些资源不仅能帮助新手快速入门，也为资深开发者提供了深入学习和探索的机会。

（二）PyTorch 的灵活性与易用性

PyTorch 是另一个备受欢迎的深度学习框架，由 Facebook 的 Core ML 团队开发。PyTorch 以其易用性和灵活性著称，特别是在动态计算图方面的创新使其在众多深度学习框架中脱颖而出。PyTorch 采用动态计算图机制，即计算图在运行时构建，这使得开发者可以在编写代码的过程中灵活地更改网络结构和参数，而无须重新构建计算图。

PyTorch 的 API 设计直观且易于上手，特别是对于熟悉 Python 语言的开发者来说。PyTorch 支持多种硬件平台，包括 CPU、GPU 和 TPU，并具有高效的并行和分布式计算能力。这使得 PyTorch 能够处理大规模数据集和复杂模型，满足高性能计算的需求。

PyTorch 的生态系统同样丰富多样，包括了多个用于处理特定类型数据的库，如 torchvision（图像）、torchaudio（音频）和 torchtext（文本）。这些库提供了预处理的工具、数据集和模型架构，可帮助开发者快速构建和训练深度学习模型。

PyTorch 的社区也非常活跃，提供了大量的教程、示例和支持。这使得新手可以快速入门，并在实践中不断学习和提升。同时，PyTorch 的灵活性也意味着它支持多种编程风格和习惯，允许开发者根据自己的喜好和需求选择最适合自己的开发方式。

（三）MXNet 的高效与分布式支持

MXNet 是一个开源的深度学习框架，以其高效的分布式训练功能和多语言支持而闻名。MXNet 采用了一种高度可扩展的分布式训练架构，可以轻松地将训练任务分布到多个计算节点上进行并行计算。这种分布式训练架构不仅提高了训练速度，还能够处理大规模数据集和复杂模型。

MXNet 提供了多种编程语言的接口，包括 Python、R、Scala、Julia、C++等，这使得开发者可以使用自己熟悉的编程语言来构建深度学习模型。MXNet 的 API 设计简洁明了，易于上手和使用，无论是初学者还是有经验的深度学习开发人员都能够快速上手并高效地开发模型。

MXNet 的分布式训练功能通过灵活的数据并行和模型并行策略来实现。数据并行是将数据划分为多个子集，每个计算节点都对一个子集进行训练，然后进行梯度的聚合。模型并行则是将模型划分为多个子模型，每个计算节点都对一个子模型进行训练，然后进行参数的聚合。这种灵活的并行策略使得 MXNet 能够适应不同规模和复杂度的训练任务。

此外，MXNet 还使用了一种高效的通信机制来降低训练任务的通信开销，并提高了训练效率。这使得 MXNet 在处理大规模数据集和复杂模型时表现出色，成为许多研究机构和企业的首选深度学习框架。

（四）其他框架简介（如 Keras，Caffe 等）

除了 TensorFlow、PyTorch 和 MXNet 之外，还有许多其他优秀的深度学习框架值得介绍。其中，Keras 是一个高级的深度学习库，它提供了简单易用的 API 接口，适合初学者快速上手。Keras 的设计初衷是让深度学习变得更加简单和直观，它通过封装底层的计算细节和复杂的网络结构，使得开发者可以更加专注于模型的构建和优化。

Keras 支持多种后端引擎，包括 TensorFlow、CNTK 和 Theano 等，这使得 Keras 可以充分利用这些后端引擎的强大功能，并为用户提供灵活的选择。同时，Keras 还提供了丰富的预训练模型和示例代码，帮助开发者快速构建和训练深度学习模型。

另一个值得提及的深度学习框架是 Caffe。Caffe 以其简洁高效的特点著称，特别适用于快速原型开发和实验验证。Caffe 的设计简洁明了，易于上手。

二、框架选择与比较

（一）性能与效率考量

在深度学习框架的选择中，性能与效率是至关重要的考量因素。不同的框架在底层实现、优化程度以及支持的计算设备上存在差异，这些差异直接影响模型训练的速度和准确性。

TensorFlow 作为由 Google Brain 团队开发的开源深度学习框架，以其高效的计算性能和广泛的支持性著称。TensorFlow 支持多种编程语言，包括 Python、C++、Java 等，并能在 CPU、GPU 及 TPU 等多种硬件上高效运行。其高效的计算集群支持使得在大规模数据集上进行训练成为可能，同时 TensorFlow 还提供了自动混合精度训练等优化技术，进一步提升了训练效率和模型性能。

PyTorch 则以其动态图机制和简洁的 API 设计赢得了研究者和开发者的青睐。PyTorch 在 GPU 加速方面表现出色，能够快速地完成模型的训练和迭代。其动态图机制使得模型调整和调试变得更为直观和灵活，有助于研究者快速验证新的想法和模型结构。然而，相比 TensorFlow，PyTorch 在某些特定场景下的计算性能可能稍逊一筹。

除了 TensorFlow 和 PyTorch 外，其他框架（如 MXNet、Caffe 等）也在性能与效率方面有着各自的优势。MXNet 以其高效的计算性能和跨平台支持受到关注，而 Caffe 则以其简洁高效的特点在计算机视觉领域取得了广泛应用。不过，随着深度学习技术的不断发展，这些框架在性能与效率上的差距正在逐渐缩小。

在选择深度学习框架时，人们需要根据具体的应用场景和需求来评估不同框架的性能与效率。例如，对于需要处理大规模数据集和复杂模型的任务，TensorFlow 可能是一个更好的选择；而对于需要快速迭代和调试的研究项目，PyTorch 则可能更加合适。

（二）社区支持与文档完善度

社区支持与文档完善度是深度学习框架选择中不可忽视的重要因素。一个活跃的社区和完善的文档资源可以极大地降低学习成本和提高开发效率。

TensorFlow 拥有庞大的用户社区和丰富的文档资源。其官方文档涵盖了从基础概念到高级特性的各个方面，并提供了大量的教程和示例代码。此外，TensorFlow 社区还积极举办各种技术研讨会、讲座等活动，为用户提供了丰富的技术交流和学习机会。这些资源使得 TensorFlow 的学习和使用变得相对容易。

PyTorch 同样拥有活跃的社区和丰富的文档资源。PyTorch 的社区氛围更加开放和友好，其用户之间的交流和分享非常频繁。PyTorch 的官方文档也非常完善，提供了详细的 API 说明和教程。此外，PyTorch 还提供了大量的预训练模型和开源项目，为用户提供了丰富的资源和参考。

其他框架如 Caffe、MXNet 等也拥有一定的社区支持和文档资源，但相比之下可能略显逊色。这些框架的社区规模和活跃度可能不如 TensorFlow 和 PyTorch，但仍然能够满足一定的学习和开发需求。

在选择深度学习框架时，建议优先考虑拥有活跃社区和完善文档资源的框架。这些框架通常能够提供更全面的技术支持和更便捷的学习路径，有助于用户更快地掌握深度学习技术并将其应用到实际项目中。

（三）生态系统与扩展性

深度学习框架的生态系统与扩展性也是人们进行选择时需要考虑的重要因素。一个完善的生态系统可以为用户提供从模型训练到部署的全流程支持，而良好的扩展性则使得框架能够适应不断变化的技术需求和应用场景。

TensorFlow 的生态系统非常完善，涵盖了从模型训练、评估到部署的各个环节。TensorFlow 提供了丰富的预训练模型和算法库，用户可以轻松地构建和训练自己的模型。同时，TensorFlow 还支持多种编程语言和开发环境，使得模型可以在不同的平台上进行部署和应用。此外，TensorFlow 还提供了 TensorBoard 等可视化工具，方便用户分析和解读模型结果。

PyTorch 的生态系统同样非常强大。PyTorch 不仅支持多种编程语言和开发环境，还提供了丰富的工具和接口用于模型的定制和扩展。PyTorch 的社区也非常活跃，用户之间经常分享新的模型和算法实现。此外，PyTorch 还提供了与 TensorFlow 等框架的互操作性支持，使得用户可以在不同框架之间进行选择和切换。

其他框架（如 MXNet、Caffe 等）也在不断完善自己的生态系统和扩展性。这些框架通过提供丰富的 API 和工具支持以及与其他框架的互操作性来提升自己的竞争力。

在选择深度学习框架时，建议优先考虑那些拥有完善生态系统和良好扩展性的框架。这些框架能够为用户提供更全面的支持和更灵活的选择空间，有助于用户更好地应对不断变化的技术需求和应用场景。

（四）学习曲线与易用性

学习曲线与易用性是深度学习框架选择中需要重点考虑的因素之一。一个易于学习和使用的框架可以大大降低入门门槛并提高开发效率。

TensorFlow 的学习曲线相对较为陡峭。由于其采用了静态计算图的方式进行操作，用户需要先定义好计算图然后才能运行计算。这种方式虽然提高了计算效率，但增加了学习难度。不过，随着 TensorFlow 2.x 版本的推出以及 Keras 高级 API 的集成，TensorFlow 的易用性得到了显著提升。现在用户可以使用更加直观和简洁的 API 来构建和训练模型。

三、深度学习工具与库

（一）数据处理与增强的库

在深度学习中，数据处理与增强是至关重要的一环。高效、灵活的数据处理工具能够显著提升模型训练的效果和效率。NumPy、Pandas 和 OpenCV 作为该领域的代表库，各自在数据处理和增强方面发挥着重要作用。

NumPy 是 Python 中用于科学计算的基础库，它提供了高性能的多维数组对象以及这些数组的操作工具。在深度学习中，NumPy 数组被广泛用作数据的存储和处理格式。通过使用 NumPy，用户可以轻松地进行数据的加载、转换、归一化等操作，为模型训练提供高质量的数据集。此外，NumPy 还支持大量的数学函数，如线性代数、傅里叶变换等，为数据预处理提供了强大的支持。

Pandas 是基于 NumPy 的另一个 Python 数据分析库，它提供了更高级的数据结构和数据分析工具。Pandas 的 DataFrame 对象可以看作表格型的数据结构，它支持数据的索引、切片、选择、合并、排序等多种操作。在深度学习中，Pandas 常用于处理和分析原始数据，如文本、图像、语音等，为模型训练提供预处理后的数据。Pandas 的灵活性和高效性使得它成为数据处理领域的首选工具之一。

OpenCV 是一个开源的计算机视觉和机器学习软件库，它提供了大量用于图像和视频处理的函数和工具。在深度学习中，OpenCV 常用于图像数据的预处理和增强。通过OpenCV，用户可以轻松地进行图像的读取、裁剪、缩放、旋转、翻转等操作，还可以实现图像的灰度化、二值化、去噪等高级处理功能。此外，OpenCV还支持图像的直方图均衡化、边缘检测、特征提取等操作，为模型训练提供了丰富的图像特征。OpenCV的开源性和跨平台性使得它成为计算机视觉领域最受欢迎的库之一。

（二）模型构建与训练的工具

在深度学习中，模型构建与训练是核心环节。高效、直观的模型构建与训练工具能够显著提升研究者和开发者的工作效率。TensorBoard和Visdom作为该领域的代表工具，各自在模型构建与训练方面发挥着重要作用。

TensorBoard是TensorFlow的可视化工具，它提供了丰富的可视化功能，如计算图的可视化、标量数据的跟踪、图像数据的展示等。在模型构建与训练过程中，TensorBoard可以帮助用户更好地理解模型的结构和性能。用户可以通过TensorBoard实时地查看模型的训练过程，包括损失函数的变化、准确率的变化等，以便及时调整模型参数和优化策略。此外，TensorBoard还支持多种可视化方式，如标量图、直方图、图像网格等，使得用户可以根据需要选择合适的方式来展示数据。

Visdom是一个灵活的工具，用于创建、组织和共享实时、丰富的数据可视化。它支持多种编程语言和数据源，可以与PyTorch等深度学习框架无缝集成。在模型构建与训练过程中，Visdom可以帮助用户实时监控模型的训练状态，包括损失值、准确率等关键指标的变化情况。Visdom的可视化界面简洁明了，用户可以轻松地通过拖拽和点击来创建自定义的可视化图表。此外，Visdom还支持多人协作和实时共享功能，使得研究团队可以更加方便地交流和共享研究成果。

（三）模型部署与优化的框架

深度学习模型的部署与优化是将模型应用于实际场景的关键步骤。

高效、稳定的模型部署与优化框架能够显著提升模型的性能和可用性。TensorRT 和 ONNX 作为该领域的代表框架，各自在模型部署与优化方面发挥着重要作用。

TensorRT 是 NVIDIA 推出的一个高性能深度学习推理引擎，它针对 NVIDIA GPU 进行了优化，可以显著提升模型的推理速度和效率。TensorRT 支持多种深度学习框架训练的模型，如 TensorFlow、PyTorch 等，用户可以将训练好的模型转换为 TensorRT 支持的格式，并利用 TensorRT 进行高效的推理部署。TensorRT 还提供了多种优化技术，如层融合、动态张量内存管理等，可以进一步提升模型的推理性能。

ONNX 是一个开放格式的深度学习模型表示标准，它支持多种深度学习框架之间的互操作性。通过 ONNX，用户可以将训练好的模型转换为统一的格式，并在不同的硬件和平台上进行高效的推理部署。ONNX 支持多种推理引擎和硬件设备，如 TensorRT、OpenVINO、ONNX Runtime 等，用户可以根据具体需求选择合适的推理引擎进行模型部署。ONNX 的开放性和可扩展性使得它成为深度学习模型部署领域的重要标准之一。

（四）特定领域的库

随着深度学习技术的不断发展，越来越多的特定领域库应运而生。这些库针对特定领域的数据和任务进行了优化和定制，为用户提供了更加便捷和高效的解决方案。以农业图像识别库为例，该领域库可以针对农业场景中的图像数据进行处理和识别，为农业生产提供智能化的支持。

农业图像识别库通常包含一系列针对农业图像的预处理、特征提取、分类识别等功能的工具和算法。这些工具和算法可以自动地从农业图像中提取出有用的信息，如作物种类、生长状态、病虫害情况等，为农业生产提供科学的决策依据。通过使用农业图像识别库，用户可以实现对农田的多种监测和管理功能。

第四节　深度学习在农业中的潜在应用

一、作物生长监测与预测

（一）生长周期与生长状态的监测

作物生长周期与生长状态的精准监测是现代农业管理的基石。这一环节不仅关乎农作物的健康发育，还直接影响到最终的产量与品质。随着物联网、遥感技术及计算机视觉等先进技术的应用，作物生长监测手段日益智能化与精细化。

首先，物联网传感器网络在田间部署，能够实时监测土壤湿度、温度、光照强度等环境参数，为作物提供适宜的生长环境。这些传感器通过无线通信技术将数据传输至云端或本地处理系统，实现数据的实时分析与可视化展示。用户通过分析环境数据与作物生长模型的结合，可以精准判断作物的生长阶段，如播种期、生长期、开花期、结果期等，为后续的农业管理提供科学依据。

其次，计算机视觉技术结合无人机、地面机器人等智能设备，能够实现对作物生长状态的远程监测。其通过高清摄像头拍摄作物图像，利用图像处理算法识别作物叶片颜色、形态、纹理等特征，进而判断作物的生长状态，如营养状况、水分状况、病虫害发生情况等。这种非接触式的监测方式不仅提高了监测效率，还减少了人工干预对作物生长的影响。

最后，基于大数据与人工智能的作物生长预测模型，能够综合历史气象数据、土壤数据、作物生长数据等多源信息，对作物未来的生长趋势进行预测。这些模型通过不断学习和优化，能够更准确地预测作物的生长周期、关键生长节点以及可能遇到的问题，为农民提供及时的决策支持。

（二）产量预测与品质评估

产量预测与品质评估是作物生产过程中的重要环节。准确的产量预测有助于农民合理安排生产计划，优化资源配置；而品质评估则直接关系到农产品的市场价值和消费者满意度。

在产量预测方面，深度学习等人工智能技术发挥了重要作用。其通过分析历史产量数据、气象数据、土壤数据等多维信息构建产量预测模型。这些模型能够捕捉影响产量的关键因素，如气候条件、土壤肥力、作物品种等，并对其进行量化分析，从而预测出未来的产量趋势。同时，模型还可以根据实时监测的作物生长状态进行动态调整，提高预测的准确性。

品质评估则更多地依赖光谱分析、图像识别等先进技术。其通过测量作物叶片、果实等组织的光谱特性，可以推断出作物内部的化学成分和营养价值；而通过图像识别技术，则可以评估作物的外观品质，如颜色、形状、大小等。这些技术不仅提高了品质评估的效率和准确性，还为实现农产品的分级包装和精准营销提供了可能。

（三）病虫害预警与防控

病虫害是作物生长过程中面临的主要威胁之一。传统的病虫害防控方法往往依赖于化学农药的大量使用，不仅增加了生产成本，还可能导致环境污染和生态破坏。而现代农业则更加注重病虫害的预警与防控，通过智能监测和精准施药等手段，实现病虫害的可持续治理。

病虫害预警系统通常包括智能监测设备和数据分析平台两部分。智能监测设备通过物联网传感器、无人机、地面机器人等手段，实时监测作物生长环境中的病虫害发生情况；而数据分析平台则利用大数据分析、机器学习等技术手段，对监测数据进行深入挖掘和分析，预测病虫害的发生趋势和扩散范围。一旦发现病虫害预警信号，系统将自动触发防控机制，如精准施药、物理防治等，以最大限度地减少病虫害对作物生长的影响。

（四）精准农业管理策略

精准农业管理策略是现代农业发展的重要方向之一。它强调以信息技术为支撑，根据作物生长的实际需求和环境条件的变化，实施精准化的农业管理措施。这些措施包括但不限于精准灌溉、精准施肥、精准用药等。

精准灌溉系统通过监测土壤湿度和作物需水量，自动调节灌溉时间和灌溉量，确保作物获得适量的水分供应。这不仅可以提高水资源的利用效率，还可以避免过度灌溉导致的土壤盐碱化和养分流失等问题。

精准施肥系统根据土壤养分状况和作物养分需求规律，制定科学的施肥方案，通过智能施肥设备将肥料精准地施用到作物根部或叶片上，提高肥料的利用率和作物的吸收效率。这不仅可以减少化肥的使用量，降低生产成本，还可以减轻化肥对环境的污染。

精准用药系统则基于病虫害预警和作物生长状态监测结果，实施精准的病虫害防治措施，通过智能施药设备将农药精准地喷洒到病虫害发生区域或作物的关键生长部位上，提高农药的使用效果和防治效果。这不仅可以减少农药的使用量和对环境的污染风险，还可以降低病虫害对作物生长的影响程度。

二、农业资源管理与优化

（一）土壤与水资源的监测与管理

土壤与水资源是农业生产的基石，其质量与管理直接关系到农作物的生长状况及整个农业生态系统的健康。在现代农业中，通过先进的监测技术与管理策略，实现对土壤与水资源的精准监测与高效管理，是保障农业可持续发展的重要途径。

在土壤监测方面，人们利用物联网传感器网络，可以实时监测土壤的温湿度、pH值、养分含量等关键指标。这些数据通过无线传输至数据处理中心，经过分析后，可以为农民提供土壤改良、施肥决策等科学依据。同时，人们结合卫星遥感技术和地理信息系统（GIS），可以对大范围的土壤资源进行宏观监测与评估，为区域农业规划提供数据支持。

在水资源管理方面，重点在于水资源的合理分配与高效利用。智能灌溉系统可以根据作物生长需求和环境条件自动调节灌溉量，避免水资源浪费。同时，加强水资源的循环利用，如收集雨水用于灌溉、处理农业废水进行再利用等，都是提高水资源利用效率的有效手段。此外，建立水资源监测网络，实时掌握水资源动态变化，为水资源管理和调配提供科学依据。

（二）肥料与农药使用的优化

肥料与农药是农业生产中不可或缺的生产资料，但过量使用不仅会增加生产成本，还会对环境和生态造成负面影响。因此，优化肥料与农药的使用，实现精准施肥与施药，是现代农业的重要任务。

在肥料使用方面，我们应通过土壤养分监测和作物养分需求分析，制定科学的施肥方案；利用智能施肥设备，将肥料精准地施用到作物根部或叶片上，提高肥料的利用率和作物的吸收效率；同时，推广有机肥和生物肥的使用，减少化肥的依赖，保护土壤生态环境。

在农药使用方面，我们应基于病虫害预警系统，实现精准施药，通过监测病虫害的发生趋势和扩散范围，确定最佳的施药时间和施药区域，减少农药的使用量和残留量；同时，推广绿色防控技术，如生物防治、物理防治等，降低对化学农药的依赖。

（三）农业废弃物处理与资源化利用

农业废弃物是农业生产过程中产生的副产品，包括秸秆、畜禽粪便、农产品加工废弃物等。这些废弃物如果处理不当，会对环境造成污染。然而，通过科学处理和资源化利用，农业废弃物可以变废为宝，成为农业生产的新资源。

秸秆等农业废弃物可以通过堆肥化处理，转化为有机肥料。这不仅可以减少化肥的使用量，还可以改善土壤结构，提高土壤肥力。畜禽粪便等有机废弃物则可以通过厌氧发酵等技术，产生生物燃气（如沼气）和有机肥料。生物燃气可以作为清洁能源用于农村生活或农业生产，而有机肥料则可以用于农田施肥。

此外，农产品加工废弃物也可以进行资源化利用。例如，果蔬加工产生的果皮、果渣等废弃物，可以通过发酵、提取等技术，生产出发酵饲料、食品添加剂等产品。这些产品不仅具有经济价值，还可以减少对环境的污染。

（四）农业生态系统的可持续发展

农业生态系统的可持续发展是现代农业的终极目标，它要求在实现农业生产效益的同时，保护好生态环境，维护生物多样性，实现农业与自然的和谐共生。

为了实现农业生态系统的可持续发展，相关部门需要采取综合性的措施：首先，加强农业生态环境保护意识教育，提高农民和农业从业者的环保意识；其次，推广生态农业和循环农业模式，减少化肥、农药等化学物质的使用量，保护土壤和水资源；同时，加强农业生态系统的监测与评估工作，及时发现并解决生态环境问题。

此外，还需要加强农业科技创新和人才培养工作：通过研发新技术、新品种和新装备等手段提高农业生产效率和产品质量；通过培养高素质的农业人才推动农业产业升级和转型发展；通过加强国际合作与交流借鉴国际先进经验和技术，推动我国农业生态系统的可持续发展。

三、农产品智能分级与溯源

（一）外观与品质的智能分级

在农产品市场中，产品的外观与品质是吸引消费者并决定其市场价值的关键因素之一。传统的分级方法往往依赖于人工目测和经验判断，不仅效率低下且易受主观因素影响。随着科技的发展，智能分级技术正逐步应用于农产品领域，实现了更加客观、精准和高效的分级过程。

智能分级系统通常集成图像识别、光谱分析、机器学习等多种技术，通过高清摄像头捕捉农产品的图像信息，利用图像处理算法提取其颜色、形状、纹理等外观特征，同时结合光谱分析技术测量农产品的内部品质参数，如糖度、酸度、硬度等。这些数据被输入到机器学习模型中，模型通过不断学习和优化，能够自动将农产品划分为不同的等级。

智能分级技术的应用，不仅提高了分级的准确性和效率，还降低了人工成本，减少了人为错误。它使得农产品能够根据其实际价值进行精准定价和销售，促进了市场的公平竞争和资源的优化配置。同时，智能分级技术也为农产品的后续加工、包装和物流等环节提供了便利，推动了农产品产业链的升级和转型。

（二）农产品溯源系统构建

农产品溯源系统是保障食品安全、提升消费者信任的重要手段。它通过记录农产品的生产、加工、运输、销售等全链条信息，实现了对农产品来源和流向的全程可追溯。

农产品溯源系统构建需要依托物联网、区块链、大数据等先进技术：首先，利用物联网技术将传感器部署于农业生产、加工、运输等各个环节，实时采集农产品的环境数据、操作记录等信息；其次，利用区块链技术将这些信息以不可篡改的方式记录于区块链上，确保数据的真实性和完整性；最后，通过大数据分析技术对这些信息进行深度挖掘和处理，形成可视化的溯源报告供消费者查询。

农产品溯源系统的构建不仅有助于监管部门加强对农产品市场的监管力度，打击假冒伪劣产品，还有助于消费者了解农产品的真实情况，做出更加明智的购买决策。同时，它也促进了农产品生产者的诚信经营和品牌建设，提高了农产品的市场竞争力。

（三）食品安全与质量控制

食品安全与质量控制是农产品生产过程中的核心环节。它直接关系到消费者的健康和安全，也影响着农产品的市场声誉和品牌形象。

为了确保农产品的食品安全和质量控制，相关部门需要采取一系列措施：首先，建立完善的农产品质量安全标准体系，明确农产品的质量要求和检测方法；其次，加强农产品生产、加工、运输等各个环节的监管力度，确保各项操作符合标准要求；同时，利用先进的检测技术对农产品进行定期检测和抽检，及时发现并处理质量问题。

此外，相关部门还需要加强农产品生产者的质量意识培训和教育工作，通过举办培训班、发放宣传资料等方式向生产者普及农产品质量安全知识和法律法规要求，引导他们采用科学的生产方式和先进的生产技术提高农产品的质量和安全性。

（四）消费者信任与品牌建设

消费者信任是品牌建设的基础和前提。在农产品市场中，消费者对于产品的信任程度直接决定了其购买意愿和忠诚度。因此，建立消费者信任并推动品牌建设是农产品企业的重要任务之一。

为了建立消费者信任并推动品牌建设，农产品企业需要采取多种措施：首先，确保产品的质量和安全性符合国家标准和消费者期望，通过智能分级和溯源系统等技术手段提高产品的透明度和可追溯性，加强与消费者的沟通和互动，及时回应消费者的关切和诉求；其次，注重品牌形象的塑造和传播，通过广告宣传、公关活动等方式提升品牌的知名度和美誉度，同时积极参与社会公益事业，履行社会责任，树立良好的企业形象；最后，不断创新和改进产品和服务，根据市场需求和消费者反馈不断研发新产品和改进现有产品，提供优质的售后服务和消费者体验，增强消费者的满意度和忠诚度。这些措施的实施可以逐步建立起消费者对于农产品品牌的信任感和忠诚度，从而推动品牌的持续发展和壮大。

四、农业市场分析与决策支持

（一）市场价格预测与趋势分析

在农业市场中，市场价格的波动直接影响农民的收入和农业生产的决策。因此，对市场价格进行准确的预测和趋势分析，对于指导农业生产、优化资源配置具有重要意义。

市场价格预测与趋势分析依赖于多种数据源和先进的分析技术：首先，通过收集历史价格数据、产量数据、天气数据、政策变动等多维度信息，构建全面的市场数据库；其次，运用时间序列分析、回归分析、机器学习等统计和数学模型，对市场数据进行深入挖掘和分析，以揭示价格变动的内在规律和影响因素。

预测过程需特别关注季节性因素、供需关系、国际市场动态等关键变量：季节性因素如作物生长周期、节假日消费高峰等，会对市场价格产生周期性影响；供需关系则直接决定了市场的价格水平；而国际市场的价格波动，尤其是大宗农产品的价格变动，也会通过国际贸易渠道传导至国内市场。

通过市场价格预测与趋势分析，农民可以更加准确地把握市场脉搏，合理安排生产计划和销售策略，以应对市场价格的波动。同时，政府和相关机构也可以利用这些信息，制定更加科学合理的农业政策和市场调控措施，促进农业市场的稳定发展。

（二）农业政策与市场信息提取

农业政策与市场信息是指导农业生产、调整产业结构、优化资源配置的重要依据。及时、准确地提取这些信息，对于农民、农业企业和政府都具有重要意义。

农业政策信息的提取主要依赖于政府官方网站、政策文件、新闻发布会等权威渠道。农民和农业企业应密切关注这些渠道发布的政策信息，了解政策导向和支持重点，以便及时调整生产计划和经营策略，同时也需要关注政策的变化趋势和潜在影响，以便做出更加长远的规划和决策。

市场信息的提取则更加广泛和复杂，除了价格信息外，还涉及供需状况、消费趋势、竞争对手动态等多个方面。农民和农业企业可以通过市场调研、行业报告、社交媒体等多种途径获取这些信息，同时也需要运用数据分析技术对这些信息进行处理和解读，以发现市场机会和潜在风险。

在提取农业政策与市场信息的过程中，农民和农业企业需要注重信息的真实性和可靠性，避免受到虚假信息和误导性信息的影响，导致决策失误和损失。

（三）农民需求与反馈分析

农民是农业生产的主体和直接受益者。相关部门了解农民的需求和反馈，对于优化农业生产结构、提高农业生产效率、促进农民增收具有重要意义。

农民需求与反馈分析主要围绕以下几个方面展开：一是生产需求，包括种子、化肥、农药等农业生产资料的供给情况和价格水平；二是技术需求，包括新品种、新技术、新装备的推广和应用情况；三是市场信息需求，包括市场价格、供需状况、销售渠道等方面的信息；四是政策需求，包括政策扶持、补贴、保险等方面的需求。

为了准确了解农民的需求和反馈，相关部门可以通过问卷调查、座谈会、入户访谈等多种方式进行调查工作，同时也可以利用互联网和社交媒体等现代技术手段，建立农民需求与反馈的在线平台，实现信息的快速传递和实时互动。

在分析农民需求和反馈的过程中，相关部门需要注重问题的针对性和解决方案的可行性，针对农民反映的实际问题，提出切实可行的解决方案和建议，为政府制定农业政策和农业企业提供决策支持。

（四）农业决策支持系统的构建与应用

农业决策支持系统是基于现代信息技术和数据分析技术构建的，旨在为农民、农业企业和政府提供科学、精准、高效的决策支持服务。

农业决策支持系统的构建需要整合多种数据源和先进的分析技术：首先，需要建立全面的农业数据库，包括农业生产、市场、政策、气象等多方面的信息；其次，运用数据挖掘、机器学习等先进的分析技术，对这些信息进行深度挖掘和处理，以发现潜在的市场机会和潜在风险。

系统的应用需要注重用户界面的友好性和易用性。简洁明了的界面设计和操作流程，可降低用户的学习成本和使用难度。同时，系统也需要提供个性化的决策支持服务，根据用户的实际需求和偏好，提供定制化的决策方案和建议。

农业决策支持系统的应用可以显著提高农业生产的决策效率和决策质量。农民和农业企业通过实时监测市场动态和政策变化，可以更加准确地把握市场脉搏和政策导向；通过科学分析和预测，可以更加精准地制定生产计划和销售策略；通过智能化管理和优化资源配置，可以进一步提高农业生产效率和降低成本。因此，农业决策支持系统的构建和应用对于推动农业现代化和可持续发展具有重要意义。

第二章　图像识别技术在农业中的应用

第一节　农作物病虫害图像识别

一、病虫害图像数据集构建

（一）病虫害图像数据集的重要性

病虫害图像数据集的构建在农业智能化发展中占据着举足轻重的地位。随着全球农业生产的不断发展和农业信息化程度的提高，病虫害的精准识别与防控成为保障农作物产量和质量的关键。病虫害图像数据集作为农业智能识别系统的基础，其质量直接影响到模型训练和识别效果的准确性。高质量的数据集能够提供更丰富、更准确的图像信息，有助于提升深度学习模型在病虫害识别中的表现，从而帮助农民更及时、更有效地进行病虫害防治。

病虫害图像数据集的重要性还体现在其广泛的应用场景上。这些数据集不仅可以用于训练病虫害识别模型，还可以支持农作物受害程度评估、产量预测等多个农业智能化领域。通过对病虫害图像的深入分析和理解，农业智能化系统能够更精确地掌握病虫害的发生规律和趋势，为农业生产提供科学的决策支持。

（二）病虫害图像数据集构建的挑战

病虫害图像数据集在构建过程中，面临着诸多挑战。首先，病虫害种类繁多，不同种类的病虫害在形态、颜色、大小等方面存在显著差异，这给数据集的构建带来了极大的困难。其次，病虫害图像数据的采集和标注需要耗费大量的人力和物力资源，尤其是在多视角、多环境下采集高质量图像数据，更是难上加难。此外，数据集的类间、类内样本不均衡、选择偏差、目标多尺度、目标密集、数据分布不均、图像质量参差不齐等问题也严重影响了数据集的质量和可用性。

为了解决这些问题，人们需要采取一系列有效的措施，例如，通过优化图像采集和标注方法，提高数据集的多样性和准确性；通过引入数据增强技术，缓解样本不均衡问题；通过深入研究病虫害图像数据规模与模型性能的关联关系，优化数据集的结构和规模。同时，人们还需要加强跨学科合作，充分利用计算机视觉、机器学习等领域的最新研究成果，推动病虫害图像数据集构建技术的不断创新和发展。

（三）病虫害图像数据集构建的方法

病虫害图像数据集的构建主要包括图像采集、预处理、标注和评估四个步骤。在图像采集阶段，工作人员需要选择适当的拍摄设备和拍摄环境，确保采集到的图像数据具有代表性和多样性；在预处理阶段，需要对图像进行缩放、归一化、增强等处理，以提高模型的泛化能力；在标注阶段，需要邀请专业的病虫害专家对图像进行精细标注，确保标注结果的准确性和一致性；在评估阶段，需要采用科学的评估方法对数据集的质量和可用性进行全面评估。

在图像采集和标注过程中，工作人员需要注意以下几点：首先，要确保图像数据的真实性和准确性，避免引入噪声和错误标注；其次，要注重数据的多样性和均衡性，确保不同种类的病虫害在数据集中都有足够的样本数量；此外，工作人员还需要关注数据的时效性和可维护性，确保数据集能够及时更新并适应新的应用场景。

（四）病虫害图像数据集的应用前景

随着农业智能化技术的不断发展，病虫害图像数据集的应用前景越来越广阔。一方面，高质量的数据集将推动病虫害识别技术的不断创新和升级，提高识别准确率和效率；另一方面，这些数据集还可以支持更多的农业智能化应用场景，如农作物受害程度评估、产量预测等。此外，随着大数据和云计算技术的普及应用，病虫害图像数据集还将与更多的农业信息资源进行深度融合和共享，为农业生产提供更加全面、精准的决策支持。

展望未来，病虫害图像数据集的构建和应用将成为农业智能化发展的重要方向之一，通过不断优化数据集的质量和可用性，推动深度学习等先进技术在农业领域的应用和发展，我们有理由相信未来的农业生产将更加智能化、精准化和高效化。

二、特征提取与选择算法

（一）特征提取在农作物病虫害图像识别中的核心作用

在农作物病虫害图像识别领域，特征提取是连接原始图像数据与后续分类识别算法的桥梁，其重要性不言而喻。特征提取的目的是从复杂的图像信息中抽象出对病虫害识别具有关键意义的低维表示，这些特征应能够准确反映病虫害的种类、严重程度及其与其他因素的关联。有效的特征提取，可以显著提高识别算法的效率和准确性，降低计算成本，为农业智能化提供有力支持。

具体而言，特征提取需要充分考虑病虫害图像的多样性、复杂性和特异性。一方面，病虫害在不同生长阶段、不同环境条件下会表现出不同的形态和颜色特征；另一方面，病虫害图像往往受到光照、遮挡、噪声等多种因素的干扰。因此，特征提取算法需要具备强大的鲁棒性和泛化能力，能够准确捕捉病虫害的本质特征，同时抑制无关信息的干扰。

（二）特征选择的关键技术与挑战

特征选择是特征提取后的一个重要步骤，旨在从众多特征中筛选出对病虫害识别最为关键和有效的特征子集。这一过程不仅有助于进一步降低数据维度，减少计算量，还能提高识别模型的泛化能力和解释性。然而，特征选择也面临着诸多挑战。

首先，如何评估特征的重要性是一个关键问题。常用的评估方法包括基于距离、信息增益、相关性分析等多种指标，但每种方法都有其局限性，需要结合具体应用场景进行选择和优化。其次，特征之间的冗余性和相关性也是特征选择中需要解决的问题。冗余特征不仅会增加计算复杂度，还可能对识别结果产生负面影响。因此，人们需要通过有效的特征选择算法去除冗余特征，保留最具代表性的特征子集。

此外，特征选择还需要考虑模型的复杂度和计算成本。在实际应用中，人们往往需要在识别准确率和计算效率之间做出权衡。过于复杂的特征选择算法可能会导致计算成本过高，而过于简单的算法则可能无法充分挖掘数据的潜在信息。因此，人们需要设计高效、稳定的特征选择算法，以满足不同应用场景的需求。

（三）先进特征提取与选择算法的应用

随着计算机视觉和机器学习技术的不断发展，越来越多的先进特征提取与选择算法被应用于农作物病虫害图像识别领域。其中，深度学习技术以其强大的特征学习能力成为研究热点。深度学习模型如卷积神经网络（CNN）能够自动从原始图像中提取层次化的特征表示，无须人工设计特征提取器。这些特征不仅具有高度的抽象性和鲁棒性，还能有效应对病虫害图像的多样性和复杂性。

此外，一些传统的特征提取与选择算法也在不断优化和改进中。例如，基于主成分分析（PCA）和线性判别分析（LDA）等的降维技术可以用于去除特征之间的冗余性和相关性；基于互信息（MI）和最大相关最小冗余（mRMR）等准则的特征选择算法可以用于筛选最具代表性的特征子集。这些算法在特定应用场景下仍具有较好的性能表现。

（四）未来发展趋势与展望

未来，农作物病虫害图像识别领域的特征提取与选择算法将朝着更加智能化、高效化和个性化的方向发展。一方面，随着深度学习技术的不断成熟和应用场景的拓展，深度学习模型将成为特征提取与选择的主流方法。人们通过构建更加复杂和精细的深度学习模型，可以进一步提高病虫害识别的准确性和效率。另一方面，随着农业大数据的积累和共享机制的完善，基于大数据的特征提取与选择算法也将得到广泛应用。这些算法能够充分利用海量数据资源，挖掘出更多有价值的特征信息，为农业智能化提供更加全面和精准的决策支持。

此外，跨学科融合和协同创新也将成为推动特征提取与选择算法发展的重要动力，其引入计算机科学、数学、生物学等多个学科的研究成果和技术手段，可以形成更加综合和系统的解决方案，为农作物病虫害图像识别领域带来更多创新和突破。

三、分类模型设计与优化

（一）分类模型设计的基本原则与策略

在农作物病虫害图像识别的分类模型设计中，基本原则与策略可以确保模型能够有效、准确地识别出不同种类的病虫害。这要求我们在设计过程中充分考虑病虫害图像的多样性、复杂性和特异性，以及模型的可扩展性、鲁棒性和实时性。

首先，我们需要明确分类目标，即确定需要识别的病虫害种类及其特征。这有助于我们构建针对性的数据集，并为模型设计提供明确的方向。其次，选择合适的特征提取方法至关重要。深度学习技术，特别是卷积神经网络

（CNN），因其强大的特征学习能力而被广泛应用。通过构建多层次的卷积层、池化层和全连接层，CNN能够自动从原始图像中提取出对病虫害识别具有关键意义的特征。

在设计分类模型时，我们还需要考虑模型的复杂度与性能之间的平衡。过于复杂的模型虽然可能具有更高的识别准确率，但也会带来更高的计算成本和更长的训练时间。因此，我们需要根据实际应用场景的需求和资源条件来选择合适的模型结构和参数。

此外，为了提高模型的鲁棒性和泛化能力，我们还需要采用数据增强、正则化、dropout等策略来减少过拟合现象。数据增强通过对原始图像进行旋转、翻转、缩放等操作来生成更多的训练样本，从而增加模型的泛化能力。正则化和dropout则通过限制模型参数的取值范围或随机丢弃部分神经元的输出来防止模型过于复杂而导致的过拟合。

（二）分类模型的优化方法与技巧

分类模型的优化是提高农作物病虫害图像识别准确率的关键环节。在优化过程中，我们需要关注模型的训练效率、识别性能和鲁棒性等多个方面。

首先，优化模型结构是提高识别性能的有效途径。通过增加网络层数、引入残差连接、使用注意力机制等策略，我们可以增强模型的特征提取能力和学习能力，从而提高识别准确率。同时，合理设置模型的超参数也是优化模型性能的重要手段。学习率、批量大小、优化算法等超参数的选择会直接影响模型的训练速度和收敛效果。

其次，采用集成学习方法可以进一步提升模型的鲁棒性和识别性能。集成学习通过结合多个基分类器的预测结果来得到最终的预测结果，从而降低了单个分类器的不稳定性对整体性能的影响。在农作物病虫害图像识别中，我们可以将多个CNN模型或其他类型的分类模型进行集成，以提高识别的准确性和可靠性。

最后，针对特定场景下的识别难点，我们还可以采用一些针对性的优化技巧。例如，对于光照变化大、遮挡严重等复杂场景下的病虫害图像识别问题，我们可以引入光照不变性特征提取方法或采用多尺度特征融合策略来提高模型的鲁棒性和识别性能。

（三）分类模型的评估与验证

分类模型的评估与验证是确保模型性能可靠的重要环节。在评估过程中，我们需要采用合适的评估指标来量化模型的识别性能，并通过交叉验证等方法来验证模型的泛化能力。

常用的评估指标包括准确率、召回率、F1分数等。准确率反映了模型对整体样本的识别能力；召回率则关注于模型对正样本的识别能力；F1分数则是准确率和召回率的调和平均，能够更全面地反映模型的性能。在评估过程中，我们需要根据实际需求选择合适的评估指标，并关注不同指标之间的平衡关系。

交叉验证是一种有效的模型验证方法。通过将数据集分为训练集、验证集和测试集三部分，并在不同子集上进行模型的训练、验证和测试，我们可以更全面地评估模型的性能并发现潜在的问题。在农作物病虫害图像识别中，由于样本数量有限且分布不均，交叉验证显得尤为重要。

（四）分类模型的应用前景与挑战

随着农业智能化和精准农业的发展，农作物病虫害图像识别技术具有广阔的应用前景。通过集成先进的分类模型和优化算法，我们可以实现病虫害的实时监测和预警，为农业生产提供有力的技术支持。然而，在实际应用中，分类模型仍面临诸多挑战。

首先，样本数量不足和标注困难是制约分类模型性能提升的主要因素之一。农作物病虫害种类繁多且形态各异，收集并标注大量高质量的样本数据需要耗费大量的人力物力。因此，如何有效地利用有限的数据资源训练出高性能的分类模型是一个亟待解决的问题。

其次，环境因素的复杂性也给分类模型的性能带来了挑战。光照变化、遮挡、噪声等环境因素都可能影响病虫害图像的质量进而影响分类模型的识别性能。因此，在设计分类模型时，我们需要充分考虑这些环境因素并采取相应的措施来降低其影响。

最后，随着技术的不断进步和应用场景的不断拓展，分类模型还需要不断进行优化和改进以适应新的需求和挑战。例如，我们可以引入深度学习中的生成对抗网络（GAN）等先进技术来生成更多的训练样本以提高模型的泛化能力；或者结合物联网、云计算等技术来实现病虫害图像的实时采集、传输和处理以提高系统的整体性能。

四、实时识别系统部署与应用

（一）实时识别系统的架构设计

对于农作物病虫害图像识别的实时系统来说，架构设计是确保系统高效、稳定运行的基础。一个典型的实时识别系统通常包括数据采集层、特征提取层、分类识别层以及结果反馈层四个主要部分。

数据采集层负责从农田现场实时获取病虫害图像数据，这通常通过高清摄像头、无人机或智能手机等智能设备实现。这些设备应具备高清拍摄、远程传输等功能，以确保图像数据的清晰度和时效性。

特征提取层是系统的核心部分，它利用计算机视觉和深度学习技术，对采集到的病虫害图像进行自动化特征提取。这一过程涉及图像预处理、特征选择和优化等步骤，旨在从复杂的图像信息中抽取出对病虫害识别具有关键意义的特征向量。

分类识别层则基于提取的特征向量，利用训练好的分类模型对病虫害进行实时识别。分类模型的选择和优化对于提高识别准确率至关重要，常用的模型包括卷积神经网络（CNN）、支持向量机（SVM）等。

结果反馈层负责将识别结果实时反馈给用户，这可以通过手机APP、网页端或短信等方式实现。用户可以根据识别结果及时采取相应的防治措施，从而有效控制病虫害的扩散。

（二）实时识别系统的关键技术

实时识别系统的关键技术主要包括图像处理技术、深度学习算法、模型优化与压缩以及实时计算框架等。

图像处理技术用于对采集到的病虫害图像进行预处理，包括去噪、增强对比度、图像分割等操作，以提高后续特征提取和分类识别的准确性。

深度学习算法是特征提取和分类识别的核心工具，它通过构建复杂的神经网络结构来自动学习病虫害图像的特征表示和分类规则。常用的深度学习算法包括 CNN、RNN 等。

模型优化与压缩技术用于减小模型体积、提高计算效率，以适应实时系统的需求。其通过剪枝、量化、知识蒸馏等方法，可以在保持模型性能的同时显著降低其计算复杂度和存储需求。

实时计算框架则提供了高效的计算资源和任务调度能力，以确保系统能够在短时间内完成大量图像数据的处理和识别任务。常用的实时计算框架包括 TensorFlow Lite、PyTorch Mobile 等。

（三）实时识别系统的部署策略

实时识别系统的部署策略需要考虑多个因素，包括硬件设备的选择、网络环境的配置以及系统的可维护性等。

在硬件设备方面，实时识别系统应根据农田现场的具体情况和系统需求选择合适的智能设备。例如，实时识别系统对于大面积农田的病虫害监测，可以采用无人机搭载高清摄像头进行图像采集；而对于小面积农田或温室大棚，则可以使用固定摄像头或智能手机进行监测。

在网络环境配置方面，实时识别系统应确保数据传输的稳定性和实时性。这可以通过建立稳定可靠的无线通信网络、优化数据传输协议等方式实现。同时，人们还需要考虑数据的安全性和隐私保护问题，采取必要的加密和认证措施。

在系统可维护性方面，人们应建立完善的运维管理体系和故障处理机制。这包括定期对系统进行检查和维护、对硬件设备进行升级和更换、对软件版本进行更新和升级等。此外，系统还需要建立用户反馈机制，及时收集和处理用户在使用过程中遇到的问题和建议。

（四）实时识别系统的应用前景与挑战

实时识别系统在农作物病虫害管理领域具有广阔的应用前景。它可以实现病虫害的实时监测和预警，为农民提供及时、准确的防治指导；同时，还可以结合智能农药喷洒等技术手段，实现病虫害的精准防治和农药的减量使用。这不仅可以提高农作物的产量和质量，还可以降低农业生产成本和环境污染风险。

然而，实时识别系统在应用过程中也面临一些挑战。首先，病虫害图像数据的多样性和复杂性对系统的识别性能提出了较高要求；其次，实时系统的计算资源和存储资源有限，需要在保证识别准确率的同时降低计算复杂度和存储需求；此外，系统的稳定性和可靠性也是影响其应用效果的重要因素之一。因此，在未来的实时识别系统研究和应用中，人们需要不断探索新的算法和技术手段来解决这些问题，以推动实时识别系统在农作物病虫害管理领域的广泛应用和发展。

第二节　作物生长状态监测与分析

一、生长周期图像序列分析

（一）生长周期图像序列分析的重要性

生长周期图像序列分析在作物生长状态监测与分析中扮演着至关重要的角色。随着现代农业技术的快速发展，对作物生长状态的精准掌握已成为提高作物产量和品质的关键。生长周期图像序列分析能够实时、连续地记录作物在整个生长周期内的形态变化，为农业生产者提供宝贵的参考数据。这种方法不仅有助于及时发现作物生长中的问题，如缺水、缺肥、病虫害等，还能为精准农业管理提供科学依据，从而优化资源配置，减少浪费，提高农业生产效率。

首先，生长周期图像序列分析有助于全面了解作物的生长规律，通过定期拍摄的作物图像，农业生产者可以直观地观察作物在不同生长阶段的形态变化，如叶片数量、颜色、茎秆粗细等。这些变化是作物生长状况的直接反映，也是评估作物生长势的重要依据。通过分析这些图像序列，农业生产者可以更加准确地掌握作物的生长节律，为后续的田间管理提供有力支持。

其次，生长周期图像序列分析在作物病害监测中具有重要作用。病害是影响作物产量和品质的重要因素之一。通过定期拍摄作物的图像，农业生产者可以及时发现作物叶片上的病斑、变色等异常现象，从而判断作物是否受到病害的侵袭。这种方法具有快速、无损、直观等优点，能够显著提高病害监测的效率和准确性，为病害的及时防治提供有力保障。

（二）生长周期图像序列分析的技术手段

生长周期图像序列分析依赖于多种技术手段，包括数字图像处理、机器视觉、遥感监测等。这些技术手段各具特色，相互补充，共同构成了作物生长状态监测与分析的强大技术体系。

数字图像处理是生长周期图像序列分析的基础。工作人员通过数字图像处理技术，可以对拍摄的作物图像进行去噪、增强、分割等操作，提取出有用的图像信息，如叶片数量、颜色、形状等。这些信息为后续的分析和判断提供了重要依据。

机器视觉技术则进一步提升了图像分析的智能化水平。其通过CCD摄像头等机器视觉设备，可以实现对作物生长状态的实时监测和自动分析。机器视觉技术能够自动识别作物图像中的关键特征，如病斑、虫洞等，并对其进行分类和计数，从而提高了病害监测的效率和准确性。

遥感监测技术则具有覆盖范围广、数据量大等优点。其通过卫星或无人机等遥感平台拍摄作物图像，可以获取到大规模的作物生长信息。遥感监测技术不仅能够监测作物的生长状态，还能对土壤、气候等环境因素进行综合分析，为农业生产提供更加全面的数据支持。

（三）生长周期图像序列分析的应用场景

生长周期图像序列分析在农业生产中具有广泛的应用场景。从作物种植到收获的各个阶段，都可以通过图像序列分析来监测和分析作物的生长状态。

在作物种植阶段，人们通过图像序列分析可以评估种子的萌发情况和幼苗的生长状况，通过定期拍摄的幼苗图像可以观察幼苗的生长速度、叶片数量等关键指标，从而判断种子的发芽率和幼苗的生长势。这些信息对于后续的田间管理具有重要意义。

在作物生长阶段，图像序列分析可以用于监测作物的生长趋势和病虫害情况。通过定期拍摄的作物图像，人们可以观察作物的叶片颜色、形状等变化,从而判断作物是否受到缺水、缺肥等因素的影响;同时,通过图像分析还可以及时发现作物叶片上的病斑、虫洞等异常现象,为病害的及时防治提供有力支持。

在作物收获阶段,图像序列分析可以用于评估作物的产量和品质。通过拍摄的作物成熟图像,人们可以观察作物的果实数量、大小、颜色等关键指标,从而估算作物的产量,同时通过对果实图像的分析还可以评估作物的品质指标,如糖分含量等。

(四)生长周期图像序列分析的未来展望

随着现代信息技术和农业技术的不断发展,生长周期图像序列分析在作物生长状态监测与分析中的应用前景将更加广阔。未来,生长周期图像序列分析将朝着智能化、精准化、高效化的方向发展。

首先,随着机器视觉、人工智能等技术的不断进步,生长周期图像序列分析的智能化水平将不断提高。未来的图像分析系统将更加自动化、智能化,能够自动识别作物图像中的关键特征并进行分类和计数。这将大大提高病害监测和作物产量评估的效率和准确性。

其次,随着遥感监测技术的不断发展,生长周期图像序列分析的数据来源将更加广泛和丰富。未来的遥感监测平台将覆盖更广阔的区域和更复杂的环境条件,能够获取到更加全面和详细的作物生长信息。这将为农业生产提供更加全面和精准的数据支持。

最后,随着计算机技术的不断发展,生长周期图像序列分析的数据处理能力也将不断提升。未来的图像分析系统将能够处理更大规模的数据集和更复杂的分析任务,为农业生产提供更加深入和全面的分析结果。这将有助于农业生产者更好地掌握作物的生长状态和优化田间管理措施,从而进一步提高农作物的产量和品质。

二、生长状态特征参数提取

（一）生长状态特征参数提取的意义

在作物生长状态监测与分析中，生长状态特征参数的提取是核心环节之一。这些特征参数能够量化描述作物的生长状况，为农业生产者提供直观、准确的信息，有助于精准管理、优化资源配置，从而提高作物产量和品质。特征参数的提取不仅有助于人们及时发现作物生长中的问题，如营养不足、病虫害等，还能为科学研究提供数据支持，推动农业科技的进步。

首先，生长状态特征参数的提取有助于实现作物生长的精准监测。通过提取作物的株高、叶面积、茎粗等关键参数，人们可以实时监测作物的生长速度和生长趋势，为农业生产者提供及时的反馈。这种精准监测有助于及时发现作物生长中的异常情况，如生长迟缓、叶片黄化等，从而采取针对性的管理措施，促进作物健康生长。

其次，生长状态特征参数的提取有助于优化农业生产管理。根据提取的特征参数，农业生产者可以评估作物的生长状态，制定科学合理的田间管理方案。例如，根据作物的营养需求调整施肥量和灌溉量，根据病虫害发生情况采取防治措施等。这种基于数据的管理方式能够显著提高农业生产的效率和效益。

（二）生长状态特征参数提取的技术方法

生长状态特征参数的提取依赖于多种技术方法，包括图像处理、计算机视觉、机器学习等。这些方法各具特色，相互补充，共同构成了生长状态特征参数提取的技术体系。

图像处理是提取生长状态特征参数的基础。通过图像处理技术，人们可以对作物图像进行预处理、分割、特征提取等操作，提取出作物的关键特征参数。例如，利用边缘检测算法可以提取出作物的轮廓信息，进而计算出株高；利用颜色分割算法可以提取出叶片区域，进而计算出叶面积等。

计算机视觉技术则进一步提升了特征参数提取的智能化水平。通过安装摄像头等视觉传感器，人们可以实时采集作物的图像信息，并利用计算机视觉算法进行自动分析和处理。计算机视觉技术能够自动识别作物图像中的关键特征，并对其进行精准测量和计算，从而提高了特征参数提取的效率和准确性。

机器学习技术则为特征参数提取提供了更强大的数据分析和处理能力。通过训练机器学习模型，人们可以实现对作物生长状态特征参数的自动识别和预测。机器学习模型能够学习作物生长过程中的复杂规律，并根据输入的图像数据预测出作物的生长状态特征参数。这种方法不仅提高了特征参数提取的智能化水平，还为农业生产的智能化管理提供了有力支持。

（三）生长状态特征参数的应用价值

生长状态特征参数在农业生产中具有广泛的应用价值。它们不仅为农业生产者提供了直观、准确的作物生长信息，还为农业科研和决策提供了重要依据。

首先，生长状态特征参数在作物生长监测中发挥着重要作用。通过定期提取作物的特征参数，人们可以实时监测作物的生长状况和变化趋势。这种监测有助于及时发现作物生长中的问题，如营养不足、病虫害等，从而采取针对性的管理措施，促进作物健康生长。

其次，生长状态特征参数在农业生产管理中具有重要应用价值。根据提取的特征参数，农业生产者可以评估作物的生长状态，制定科学合理的田间管理方案。例如，根据作物的营养需求调整施肥量和灌溉量，根据病虫害发生情况采取防治措施等。这种基于数据的管理方式能够显著提高农业生产的效率和效益。

最后，生长状态特征参数还为农业科研和决策提供了重要数据支持。通过对大量作物生长数据的分析和挖掘，人们可以发现作物生长过程中的规律和生长趋势，为农业科研提供新的研究方向和思路。同时，这些数据还可以为政府决策提供重要参考，帮助制定科学合理的农业政策和规划。

（四）生长状态特征参数提取的未来趋势

随着现代信息技术的不断发展，生长状态特征参数提取技术也将迎来新的发展机遇和挑战。未来，生长状态特征参数提取将朝着更加智能化、精准化、高效化的方向发展。

首先，随着计算机视觉和机器学习技术的不断进步，生长状态特征参数提取的智能化水平将不断提高。未来的特征参数提取系统将更加自动化、智能化，能够自动识别作物图像中的关键特征并进行精准测量和计算。这将大大提高特征参数提取的效率和准确性，为农业生产提供更加精准的数据支持。

其次，随着物联网和大数据技术的广泛应用，生长状态特征参数的获取和处理将更加便捷和高效。未来的农业生产将实现全面数字化和智能化管理，通过物联网技术实时采集作物的生长数据，并通过大数据技术进行分析和挖掘。这将为生长状态特征参数的提取提供更加丰富的数据源和更强大的数据处理能力。

最后，随着农业科技的不断发展，生长状态特征参数的种类和数量也将不断增加。未来的特征参数将涵盖作物的更多方面和更细节的信息，如光合作用效率、水分利用效率等。这些新的特征参数将为农业生产提供更加全面和深入的分析结果，为农业生产的精准管理和优化提供更加有力的支持。

三、异常检测与预警机制

（一）异常检测与预警机制的重要性

在作物生长状态监测与分析中，异常检测与预警机制是保障作物健康生长、减少损失的关键环节。这一机制通过实时监测作物生长过程中的各项数据，及时发现并预警潜在的异常情况，为农业生产者提供及时、有效的应对措施，从而保障作物的正常生长和最终产量。

首先，异常检测与预警机制有助于预防作物病虫害的发生。病虫害是作物生长过程中的一大威胁，它们不仅会破坏作物的叶片、茎秆等组织，还会影响作物的光合作用和营养吸收，导致作物生长受阻、产量下降。通过异常检测与预警机制，人们可以及时发现作物叶片上的病斑、虫洞等异常现象，为病虫害的及时防治提供有力支持，减少病虫害对作物生长的影响。

其次，异常检测与预警机制有助于优化资源配置。在农业生产中，水、肥、药等资源的使用需要精准、合理。通过异常检测与预警机制，人们可以实时掌握作物的生长状态和营养需求，从而根据作物的实际情况调整施肥量、灌溉量等管理措施，避免资源的浪费和过度使用。这种基于作物需求的资源配置方式能够显著提高农业生产的效率和效益。

（二）异常检测与预警机制的实现方式

异常检测与预警机制的实现依赖于多种技术手段的综合运用，包括物联网技术、数据分析技术、机器学习算法等。这些技术手段相互协作，共同构成了异常检测与预警机制的技术体系。

物联网技术是异常检测与预警机制的数据采集基础。通过安装传感器等物联网设备，人们可以实时采集作物的生长环境数据（如温度、湿度、光照强度等）和生长状态数据（如株高、叶面积、茎粗等）。这些数据为异常检测提供了丰富的数据源，使得系统能够全面、准确地掌握作物的生长情况。

数据分析技术是异常检测与预警机制的核心。通过对采集到的数据进行处理和分析，人们可以发现作物生长过程中的异常模式和趋势。数据分析技术包括数据清洗、数据转换、数据挖掘等多个环节，它们共同构成了异常检测与预警机制的数据处理流程。在这个过程中，机器学习算法发挥了重要作用，它们能够自动学习作物的生长规律和异常特征，从而实现对作物生长状态的精准预测和异常检测。

（三）异常检测与预警机制的应用效果

异常检测与预警机制在农业生产中的应用效果显著。它不仅能够及时发现作物生长过程中的异常情况，还能够为农业生产者提供有效的应对措施，从而保障作物的正常生长和最终产量。

首先，异常检测与预警机制能够显著提高病虫害防治的效率。通过实时监测作物叶片上的病斑、虫洞等异常现象，系统能够及时发现并预警病虫害的发生。这有助于农业生产者及时采取防治措施，避免病虫害的扩散和蔓延，减少作物损失。

其次，异常检测与预警机制能够优化农业生产管理。通过实时掌握作物的生长状态和营养需求，异常检测与预警系统能够为农业生产者提供科学合理的田间管理方案。这有助于农业生产者精准施肥、灌溉，提高资源利用效率，降低生产成本。

最后，异常检测与预警机制还能够提高农业生产的智能化水平。通过引入物联网、数据分析、机器学习等现代信息技术手段，农业生产将实现全面数字化和智能化管理。这将有助于农业生产者更好地掌握作物生长情况，提高农业生产的精准度和效率。

（四）异常检测与预警机制的未来展望

随着现代信息技术的不断发展和农业生产的智能化转型，异常检测与预警机制将迎来更加广阔的发展前景。未来，异常检测与预警机制将朝着更加智能化、精准化、高效化的方向发展。

首先，随着物联网技术的不断进步和传感器成本的降低，异常检测与预警机制的数据采集将更加便捷和高效。未来的物联网设备将更加小巧、智能、可靠，能够实时、准确地采集作物的生长环境数据和生长状态数据。这将为异常检测与预警机制提供更加丰富的数据源和更强大的数据支持。

其次，随着数据分析技术和机器学习算法的不断优化和升级，异常检测与预警机制的预测精度和准确率将不断提高。未来的数据分析技术将更加注重数据的实时性和动态性，能够更好地捕捉作物生长过程中的细微变化和异常模式。同时，机器学习算法也将更加智能和高效，能够自动学习作物的生长规律和异常特征，实现对作物生长状态的精准预测和异常检测。

最后，随着农业科技的不断发展，异常检测与预警机制还将与其他农业智能化技术相互融合、相互促进。例如，其与智能农机装备相结合，可实现作物生长状态的实时监测和精准管理；与区块链技术相结合，可实现农产品质量追溯和防伪溯源等。这些技术的融合将推动农业生产向更加智能化、精准化、高效化的方向发展。

四、生长模型拟合与预测

（一）生长模型拟合的重要性

在作物生长状态监测与分析中，生长模型拟合是理解作物生长规律、预测未来生长趋势的重要手段。通过拟合生长模型，人们可以将复杂的作物生长过程抽象化为一系列数学表达式，从而实现对作物生长过程的量化描述和预测。这一过程不仅有助于揭示作物生长的内在机制，还为农业生产者提供了科学决策的依据。

首先，生长模型拟合有助于深入理解作物生长的生理生态过程。作物生长受到多种环境因素的影响，如光照、温度、水分、土壤养分等。通过拟合生长模型，人们可以量化这些环境因素对作物生长的影响程度，揭示它们之间的相互作用关系。这有助于农业生产者更好地掌握作物生长的生理生态规律，为制定科学合理的田间管理措施提供理论支持。

其次，生长模型拟合对于提高作物产量和品质具有重要意义。通过拟合生长模型，人们可以预测作物在不同生长阶段的需求和潜力，为农业生产者提供精准的管理建议。例如，在作物生长的关键时期，可以根据模型预测结果调整施肥量、灌溉量等管理措施，以满足作物的生长需求，提高作物产量和品质。

（二）生长模型拟合的技术方法

生长模型拟合涉及多种技术方法，包括统计学方法、系统动力学方法、机器学习算法等。这些方法各有优缺点，适用于不同类型的作物和生长环境。

统计学方法是生长模型拟合中最常用的方法之一。它通过收集和分析大量的作物生长数据，建立作物生长与环境因素之间的统计关系模型。这些模型通常包括线性模型、非线性模型、回归模型等，能够描述作物生长随环境因素变化的趋势和规律。

系统动力学方法则更注重作物生长过程中的系统性和动态性。它通过建立作物生长系统的动态模型，模拟作物生长过程中的物质循环、能量流动等过程，从而实现对作物生长过程的全面描述和预测。系统动力学方法能够较好地反映作物生长的非线性特征和复杂性，但建模过程较为复杂，需要较高的专业知识和技术水平。

机器学习算法近年来在生长模型拟合中得到了广泛应用。这些算法能够自动学习作物生长数据中的复杂模式和规律，建立高精度的预测模型。例如，机器学习算法可以通过分析作物图像数据，提取出作物生长的关键特征，并基于这些特征建立预测模型；机器学习算法具有强大的数据处理和学习能力，能够处理大规模、高维度的作物生长数据，提高生长模型拟合的准确性和可靠性。

（三）生长模型预测的应用价值

生长模型预测在农业生产中具有广泛的应用价值。它不仅能够为农业生产者提供作物生长的预测信息，还能够为农业科研和决策提供支持。

首先，生长模型预测有助于农业生产者制订科学合理的田间管理计划。通过预测作物在不同生长阶段的需求和潜力，农业生产者可以及时调整管理措施，如施肥、灌溉、病虫害防治等，以满足作物的生长需求，提高作物产量和品质。

其次，生长模型预测有助于农业科研工作者揭示作物生长的内在机制。通过拟合生长模型并对其进行验证和优化，农业科研工作者可以深入了解作物生长的生理生态过程及其与环境因素之间的关系。这有助于他们发现作物生长的新规律和新技术，推动农业科技的进步和发展。

最后，生长模型预测还可以为农业决策提供支持。政府和相关机构可以利用生长模型预测结果制定科学合理的农业政策和规划，如调整种植结构、优化资源配置等，以促进农业生产的可持续发展。

（四）生长模型拟合与预测的未来趋势

随着现代信息技术的不断发展和农业生产的智能化转型，生长模型拟合与预测将迎来更加广阔的发展前景。未来，生长模型拟合与预测将更加注重模型的精准性、实时性和可解释性。

首先，随着大数据和人工智能技术的不断发展，生长模型拟合将更加注重数据的挖掘和分析。未来的生长模型将能够处理更大规模、更高维度的作物生长数据，提取出更加精细和准确的生长特征。同时，机器学习算法的优化和升级也将提高生长模型拟合的准确性和可靠性。

其次，随着物联网和遥感技术的广泛应用，生长模型预测将更加注重实时性和动态性。未来的生长模型将能够实时接收作物生长环境数据和生长状态数据，并基于这些数据进行实时预测和动态调整。这将有助于农业生产者更好地掌握作物生长情况，及时采取管理措施，提高农业生产的效率和效益。

最后，未来生长模型拟合与预测还将更加注重模型的可解释性和可操作性。农业生产者不仅需要知道作物的生长趋势和预测结果，还需要了解这些结果背后的原因和依据。因此，未来的生长模型将更加注重模型的透明度和可解释性，为农业生产者提供更加直观和易于理解的信息支持。同时，模型的操作性和易用性也将得到提高，以便农业生产者能够更好地应用这些模型进行田间管理和决策支持。

第三节 农业机器人视觉导航

一、视觉传感器选择与配置

（一）视觉传感器的类型与功能

在农业机器人视觉导航系统设计中，视觉传感器的选择与配置是至关重要的第一步。视觉传感器作为机器人"眼睛"的角色，其性能直接影响到机器人对周围环境的感知能力和导航精度。首先，我们需要明确视觉传感器的类型及其各自的功能特点。

常见的视觉传感器包括相机、激光雷达和深度相机等。相机主要用于捕捉环境图像，提供丰富的视觉信息，适用于目标检测、图像识别等任务。激光雷达则通过发射激光束并接收反射光来计算距离和方向，能够构建精确的环境地图，适用于障碍物检测和路径规划。深度相机则结合了图像与深度信息，能够提供场景中物体的三维形状和位置，对于理解复杂环境具有重要意义。

视觉传感器的选择需根据农业机器人的具体需求来确定。例如，若机器人需要在复杂多变的农田环境中进行精准作业，那么激光雷达和深度相机的组合可能更为合适，因为它们能够提供更为详细和准确的环境信息。

（二）视觉传感器的性能参数

在确定视觉传感器类型后，我们还需要对其性能参数进行详细分析，以确保其能够满足农业机器人的导航需求。性能参数主要包括分辨率、帧率、动态范围、视角、测量精度等。

分辨率决定了传感器捕捉图像细节的能力，对于需要精确识别作物种类或检测微小障碍物的农业机器人来说，高分辨率的传感器至关重要。帧率则反映了传感器每秒能够捕获的图像数量,高帧率有助于在动态环境中捕捉更多的运动信息,提高导航的实时性。动态范围则决定了传感器在光线变化较大的环境中能否保持稳定的性能,这对于室外作业的农业机器人尤为重要。

此外,视角和测量精度也是不可忽视的性能参数。视角决定了传感器能够观测到的环境范围,而测量精度则直接影响到机器人导航的准确性。因此,在选择视觉传感器时,我们需要综合考虑这些性能参数,以确保其能够满足农业机器人的实际需求。

(三) 视觉传感器的适应性与可靠性

农业机器人的工作环境通常较为复杂多变,因此视觉传感器的适应性和可靠性也是选择时需要考虑的重要因素。适应性指的是传感器在不同光照条件、气候条件和作物种类等环境下的工作能力。例如,在光照不足的清晨或傍晚,传感器需要具备良好的低光环境适应能力;在雨雪等恶劣天气下,传感器需要具备一定的防水防尘能力。

可靠性则是指传感器在长时间使用过程中能够保持稳定的性能输出。由于农业机器人通常需要在连续、高强度的作业环境中工作,因此传感器的可靠性对于保证整个系统的稳定运行具有重要意义。在选择视觉传感器时,我们需要关注其使用寿命、故障率以及维护成本等方面的信息,以确保其能够适应农业机器人的工作环境并保持良好的工作性能。

(四) 视觉传感器的集成与优化

视觉传感器的选择与配置还需要考虑其与其他系统的集成与优化问题。在农业机器人视觉导航系统中,视觉传感器需要与定位系统、控制系统等多个子系统协同工作才能实现精准导航。因此,在选择视觉传感器时,我们需要关注其接口协议、数据格式等方面的兼容性信息,以确保其能够与其他子系统顺利集成。

此外,为了进一步提高系统的整体性能,我们还需要对视觉传感器进行优化配置。例如，我们可以通过调整传感器的安装位置、角度和参数设置等方式来优化其视野范围和测量精度；还可以结合图像处理算法和机器学习技术来提高传感器对复杂环境的识别能力和鲁棒性。这些优化措施有助于提升农业机器人视觉导航系统的整体性能和应用效果。

二、环境感知与地图构建

（一）环境感知的多元传感器融合

在农业机器人视觉导航系统中，环境感知是核心环节之一，它依赖于多种传感器的协同工作以获取全面的环境信息。多元传感器融合是实现高效环境感知的关键。首先，视觉传感器（如相机和深度相机）提供了丰富的图像和深度信息，有助于识别作物、土壤、障碍物等关键元素。然而，单一视觉传感器在光照变化、遮挡或复杂纹理环境下可能存在局限性。因此，融合其他类型的传感器如激光雷达、惯性测量单元（IMU）和全球定位系统（GPS）等，可以显著提升环境感知的准确性和鲁棒性。

激光雷达通过发射激光束并接收反射信号来测量距离和速度，对环境的三维结构进行精确重建，特别适用于复杂地形和动态障碍物的检测。IMU 和 GPS 则提供了机器人的运动状态信息和全局定位，有助于构建稳定的导航框架。通过融合这些传感器的数据，农业机器人能够更全面地理解周围环境，为后续的决策和行动提供坚实的基础。

（二）地图构建的策略与技术

地图构建是农业机器人实现自主导航的重要前提。基于视觉传感器的地图构建策略通常包括特征提取、地图表示和更新等环节。特征提取是指从视觉数据中提取出对导航有用的关键信息，如角点、边缘、纹理等。这些特征在后续的地图表示中将被用来描述环境结构。

地图表示方法多种多样，常见的有栅格地图、特征地图和拓扑地图等。栅格地图将环境划分为一系列等大的网格，并赋予每个网格以占用概率来表示障碍物或可通行区域。特征地图则侧重于提取环境中的显著特征点，并通过这些点来构建环境的几何模型。拓扑地图则更侧重于环境的连通性和路径规划，将环境抽象为一系列节点和边。

在地图构建过程中，还需要考虑地图的实时更新问题。由于农业环境可能随时间发生变化（如作物生长、土壤湿度变化等），因此地图必须能够动态地反映这些变化。这通常要求系统具备在线学习和自适应能力，能够根据新的传感器数据实时调整地图信息。

（三）环境感知与地图构建的精度与效率

环境感知与地图构建的精度和效率是衡量系统性能的重要指标。精度直接关系到导航的准确性和可靠性，而效率则影响着系统的响应速度和实时性。为了提高精度，我们可以采用更先进的图像处理算法和传感器融合技术来优化数据提取和特征匹配过程，同时还需要对传感器进行精确的校准和标定，以减少误差来源。

在效率方面，我们可以通过优化算法和数据结构来加速地图构建过程。例如，采用并行处理技术和快速索引机制可以显著提高数据处理速度。此外，合理规划传感器的采样频率和数据处理流程也有助于提高系统的整体效率。

（四）环境感知与地图构建的智能化与自适应

随着人工智能技术的发展，环境感知与地图构建正逐渐向智能化和自适应方向发展。智能化主要体现在利用机器学习技术来提升系统的自主学习和决策能力。通过训练深度学习模型，系统可以自动识别和分类环境中的不同对象，并根据环境变化动态调整导航策略。

自适应则是指系统能够根据不同的作业环境和任务需求自动调整感知和构建地图的方式。例如，在作物密集区域，系统可以更加注重作物的识别和定位；而在开阔地带，则可以更侧重于地形和障碍物的检测。这种自适应能力使得农业机器人能够更加灵活地应对各种复杂环境，提高作业效率和精度。

三、路径规划与避障策略

（一）路径规划算法的多样性与选择

在农业机器人视觉导航系统中，路径规划是确保机器人高效、安全完成作业任务的关键环节。路径规划算法的多样性为不同作业场景提供了灵活的选择。常见的路径规划算法包括基于图论的算法（如 Dijkstra 算法、A* 算法）、基于采样的算法（如 RRT 算法）以及基于智能优化的算法（如遗传算法、粒子群优化算法等）。

Dijkstra 算法和 A* 算法以其高效性和准确性在静态环境中得到广泛应用，它们能够快速计算出从起点到终点的最短路径。然而，在农业环境中，由于作物生长、土壤条件等因素的变化，环境往往具有一定的动态性。因此，这些算法需要结合实时环境感知数据进行动态调整。

RRT（快速随机树）算法则以其强大的探索能力和对复杂环境的适应性而受到关注。它能够在未知环境中快速生成可行路径，并通过增量式扩展来适应环境的变化。然而，RRT 算法生成的路径可能不是最优的，且计算量相对较大。

智能优化算法（如遗传算法和粒子群优化算法）则通过模拟自然界中的进化或群体行为来搜索最优路径。这些算法具有较强的全局搜索能力和自适应性，能够在复杂多变的农业环境中找到较优的导航路径。然而，它们的计算复杂度和收敛速度需要在实际应用中进行权衡。

（二）避障策略的设计与实现

避障策略是保障农业机器人在复杂环境中安全运行的重要措施。避障策略的设计需要综合考虑机器人的运动学特性、传感器的感知能力以及环境的动态变化。常见的避障策略包括基于规则的避障、基于势场的避障和基于学习的避障等。

基于规则的避障策略通过预设一系列避障规则来指导机器人的行为。

例如，当检测到前方有障碍物时，机器人可以选择减速、绕行或停止等动作来避免碰撞。这种策略简单直观，但可能缺乏灵活性，难以应对复杂多变的环境。

基于势场的避障策略则将环境视为一个由吸引力和排斥力组成的虚拟场。机器人根据势场中的力线分布来规划路径，以避开障碍物并朝目标移动。这种策略能够较好地处理动态障碍物和复杂环境，但需要精确构建势场模型并计算力线分布。

基于学习的避障策略则利用机器学习技术来训练机器人识别障碍物并学习避障策略。通过大量数据的训练和优化，机器人能够自主适应不同的环境并灵活应对各种障碍物。这种策略具有较强的自适应性和鲁棒性，但需要较长的训练时间和较高的计算资源。

（三）路径规划与避障策略的实时性与鲁棒性

实时性和鲁棒性是衡量路径规划与避障策略性能的重要指标。实时性要求系统能够在短时间内快速响应环境变化并做出决策，以确保机器人的连续作业能力。为了实现实时性，系统可以采用高效的算法和数据处理技术来加速计算和决策过程。同时，优化传感器布局和数据传输方式也有助于提高系统的响应速度。

鲁棒性则要求系统能够在复杂多变的环境中保持稳定的性能输出，并有效应对各种突发情况。为了提高鲁棒性，系统可以采用多传感器融合技术来增强环境感知的准确性和可靠性。此外，引入冗余设计和容错机制也能够提高系统的容错能力和抗干扰能力。路径规划与避障策略还可以采用多路径备选和动态调整策略来应对环境变化和不确定因素。

（四）路径规划与避障策略的优化与自适应

随着农业机器人作业环境的日益复杂和多样化，对路径规划与避障策略的优化和自适应能力提出了更高要求。优化策略旨在提高算法的计算效率和求解质量，通过改进算法结构、引入启发式规则和并行计算技术等方式来实现。同时，结合实际应用场景的需求和限制条件对算法进行定制化开发也是优化策略的重要方向。

自适应策略则强调系统能够根据环境变化自动调整路径规划和避障策略以适应新的作业环境。这通常需要通过引入在线学习机制、构建环境模型和利用先验知识等方式来实现。例如，系统可以利用机器学习技术来训练机器人识别不同类型的障碍物并学习相应的避障策略；或者通过构建环境地图来预测未来环境变化并提前规划路径。这些自适应策略能够显著提高农业机器人在复杂环境中的自主导航能力和作业效率。

四、导航系统集成与测试

（一）导航系统集成的重要性与复杂性

在农业机器人视觉导航系统中，导航系统的集成是确保机器人能够高效、准确地完成作业任务的关键环节。集成过程不仅涉及硬件设备的选型与配置，还包括软件算法的开发与调试，以及各子系统之间的协同工作。因此，导航系统的集成具有极高的重要性和复杂性。

首先，导航系统集成的重要性体现在它能够将多个独立的传感器、控制器和执行器等组件融合为一个有机的整体，实现信息的共享与协同处理。这种集成化的设计能够显著提高农业机器人的作业效率和精度，降低操作难度和成本。同时，集成化的管理还可以实现对农业机器人工作状态的实时监控和故障诊断，为机器人的维护和保养提供有力支持。

其次，导航系统集成的复杂性则体现在多个方面。一方面，不同传感器之间可能存在数据格式、通信协议等方面的差异，需要进行必要的数据转换和协议适配；另一方面，各子系统之间的协同工作需要依赖复杂的控制算法和调度策略，以确保整个系统的稳定性和可靠性。此外，由于农业环境的复杂性和多变性，导航系统还需要具备较高的自适应能力和鲁棒性，以应对各种突发情况和挑战。

(二) 导航系统集成的主要步骤与技术挑战

导航系统的集成过程主要包括需求分析、方案设计、硬件选型与配置、软件算法开发、系统调试与测试等步骤。每个步骤都可能面临不同的技术挑战。

在需求分析阶段，我们需要深入了解农业机器人的作业需求和作业环境特点，为后续的方案设计提供有力支持。然而，由于农业环境的复杂性和多变性，需求分析往往难以做到全面和准确，给后续工作带来一定困难。

在方案设计阶段，我们需要根据需求分析结果确定系统的整体架构和各个子系统的功能划分。这一过程中，需要综合考虑多个因素，如成本、性能、可靠性等，并进行多轮次的优化和调整。

在硬件选型与配置阶段，我们需要根据方案设计结果选择合适的传感器、控制器和执行器等硬件设备，并进行合理的布局和安装。由于不同设备之间可能存在兼容性和性能差异等问题，因此需要进行充分的测试和验证。

在软件算法开发阶段，我们需要针对农业机器人的作业特点和环境特点开发相应的控制算法和调度策略。这些算法需要具备较高的实时性和准确性，并能够适应各种复杂环境和突发情况。

在系统调试与测试阶段，我们需要对整个导航系统进行全面的测试和验证，以确保其稳定性和可靠性。这一过程中，需要模拟各种作业环境和场景进行测试，并对测试结果进行分析和优化。

(三) 导航系统集成中的关键技术与创新点

导航系统集成过程涉及多种关键技术和创新点。其中，多传感器融合技术是实现高精度环境感知和定位的关键技术之一，通过融合多种传感器的数据，可以实现对农业环境的全面感知和准确理解，为后续的路径规划和避障策略提供有力支持。

此外，智能控制算法和调度策略也是导航系统集成中的重要技术。这些算法需要具备较高的实时性和准确性，并能够根据环境变化和任务需求进行自适应调整和优化。同时，其通过引入机器学习和人工智能等技术手段，还可以进一步提高算法的智能水平和鲁棒性。

在创新点方面，随着物联网、大数据和云计算等技术的不断发展，农业机器人导航系统也开始向智能化、网络化方向发展，例如，通过引入物联网技术实现农业机器人与农业信息系统的互联互通，通过大数据分析技术提高农业机器人的决策能力和作业效率，通过云计算技术提供远程监控和故障诊断等服务。这些创新点将进一步推动农业机器人导航系统的发展和应用。

（四）导航系统集成测试的方法与评估标准

在导航系统集成完成后，需要进行全面的测试和评估以确保其性能和可靠性。测试方法主要包括功能测试、性能测试和稳定性测试等。功能测试主要验证系统是否满足设计要求并具备预期的功能；性能测试则评估系统的实时性、准确性和鲁棒性等关键性能指标；稳定性测试则通过长时间运行和模拟各种突发情况来验证系统的稳定性和可靠性。

在评估标准方面，我们可以根据实际需求制定相应的评估指标和评分标准，例如，在功能测试中可以设定各项功能的完成度和准确率等指标，在性能测试中可以设定响应时间、定位精度和避障成功率等指标，在稳定性测试中可以设定故障率、恢复时间和系统寿命等指标。通过对这些指标的测试和评估，我们可以全面了解导航系统的性能特点和存在的问题，并为后续的优化和改进提供有力支持。

第四节　土壤与水体质量评估

一、土壤与水体样本图像采集

（一）土壤样本图像采集的重要性

土壤作为地球表面生态系统的重要组成部分，其质量直接关系到农业生产、环境健康乃至人类生活的多个方面。因此，对土壤进行科学的质量评估至关重要。土壤样本的图像采集作为质量评估的初步环节，具有不可忽视的重要性。这一步骤不仅为后续的物理、化学及生物分析提供了直观的视觉资料，还帮助研究人员快速了解土壤表面的颜色、结构、湿度等基本信息，为深入分析奠定基础。

在土壤样本图像采集过程中，注重细节和规范性是关键。首先，我们需要明确采集目标，即根据评估需求确定采集哪些类型的土壤样本，如耕作层土壤、表层土壤或深层土壤等。其次，我们要选择合适的采集工具和方法，确保在不破坏土壤自然状态的前提下，获取具有代表性的样本。同时，我们还需注意记录采集时间、地点、环境条件等关键信息，以便后续分析时能够准确追溯。

通过图像采集，研究人员可以直观地观察到土壤中的颗粒分布、有机质含量、颜色变化等特征，这些特征往往与土壤的肥力、污染程度等密切相关。例如，土壤颜色的深浅可以反映其有机质含量的高低；土壤颗粒的大小和形状则与土壤的结构和透气性有关。因此，土壤样本的图像采集对于快速初步判断土壤质量具有重要意义。

（二）水体样本图像采集的必要性

水体作为地球上最为宝贵的自然资源之一，其质量同样受到广泛关注。

水体样本的图像采集是水质评估的重要环节，它有助于研究人员直观地了解水体的清澈度、颜色、悬浮物含量等基本信息。这些信息对于判断水体是否受到污染、污染程度如何以及污染物的种类等具有重要价值。

在水体样本图像采集过程中，我们同样需要注重细节和规范性。首先，应选择具有代表性的采样点，确保采集到的样本能够反映整个水体的质量状况；其次，在采集过程中应尽量避免人为干扰和污染，确保样本的纯净度和代表性；同时，还需记录采样时间、地点、天气条件等关键信息，以便后续分析时能够准确追溯。

通过图像采集，研究人员可以直观地观察到水体的清澈度变化。清澈度是衡量水体透明度的重要指标，它与水体中的悬浮物含量、溶解性物质浓度等密切相关。此外，水体的颜色变化也往往能够反映其水质状况。例如，富含藻类的水体可能呈现绿色或褐色；而受到污染的水体则可能呈现黑色或暗红色等异常颜色。因此，水体样本的图像采集对于快速初步判断水质状况具有重要意义。

（三）图像采集技术的选择与应用

随着科技的不断发展，图像采集技术也在不断更新换代。在土壤与水体样本图像采集过程中，选择合适的图像采集技术至关重要。目前，常用的图像采集技术包括数码相机拍摄、无人机航拍、遥感技术等。

数码相机拍摄是最基本的图像采集方式之一。它具有操作简便、成本低廉等优点，适用于小规模、近距离的样本采集。然而，数码相机拍摄也存在一定的局限性，如视野范围有限、无法获取三维信息等。

无人机航拍技术则能够弥补数码相机拍摄的不足。其通过搭载高分辨率相机的无人机进行空中拍摄，可以获取更大范围的土壤与水体图像信息，同时还能够实现三维重建和地形分析等功能。这为研究人员提供了更加全面、立体的数据支持。

遥感技术则是更为先进的图像采集手段之一。它利用卫星或飞机等遥感平台搭载传感器对地表进行远距离非接触式测量和成像。遥感技术具有覆盖范围广、数据获取速度快、信息量大等优点，适用于大尺度、长时间序列的土壤与水体质量监测和评估。

（四）图像采集后的数据处理与分析

图像采集只是土壤与水体质量评估的第一步，后续的数据处理与分析同样重要。对采集到的图像进行的数字化处理、特征提取和分类识别等操作，可以进一步挖掘图像中的有用信息，为土壤与水体的质量评估提供更加科学、准确的依据。

在数据处理过程中，我们首先需要对图像进行预处理操作，包括去噪、增强对比度、校正色彩等步骤。这些操作有助于提高图像的质量和可读性，为后续分析打下良好基础。然后，可以利用图像分析软件对图像进行特征提取和分类识别等操作。例如，我们可以通过图像分割技术将土壤或水体样本中的不同区域进行划分；通过颜色识别技术判断水体中是否存在异常颜色等。

在数据分析阶段，我们可以将图像分析结果与实地调查数据、实验室检测数据等进行综合对比和分析，通过多源数据的融合和交叉验证，更加全面、准确地评估土壤与水体的质量状况，并为制定针对性的保护和管理措施提供科学依据。

二、图像特征与理化性质关联分析

（一）图像特征与土壤理化性质的内在联系

在土壤质量评估中，图像特征与土壤的理化性质之间存在着紧密的内在联系。这种联系使得通过图像分析来推断土壤的物理、化学特性成为可能。土壤的颜色、纹理、结构等图像特征，往往能够直接或间接地反映土壤的有机质含量、水分状况、颗粒组成以及肥力水平等关键理化指标。

例如，土壤的颜色是土壤中最直观且易于获取的图像特征之一。土壤颜色的深浅通常与其有机质含量密切相关，有机质含量高的土壤往往颜色较深。同时，土壤颜色的变化还可能受到铁、锰等氧化物的影响，这些氧化物的含量和分布状态也能在一定程度上反映土壤的氧化还原条件和肥力状况。

此外，土壤的纹理和结构特征也是重要的图像信息。土壤的纹理可以反映土壤颗粒的大小、形状和排列方式，这些信息对于理解土壤的通气性、透水性以及根系生长环境至关重要。而土壤的结构则是指土壤颗粒之间的排列和组合方式，它决定了土壤的稳定性和持水能力。

（二）图像特征在水体理化性质评估中的应用

与土壤相似，水体的图像特征同样与其理化性质紧密相关。水体的颜色、透明度、悬浮物含量等图像特征是评估水体质量的重要指标。这些特征不仅直观易得，而且能够反映水体的溶解氧含量、营养盐浓度、污染程度等关键理化信息。

水体的颜色变化往往能够揭示水体的污染状况。例如，富含藻类的水体可能呈现绿色或褐色，这是由于藻类大量繁殖导致水体中叶绿素含量增加所致。而受到重金属污染的水体则可能呈现暗红色或黑色，这是由于重金属离子与水体中的某些物质发生化学反应生成有色化合物所致。

水体的透明度则是衡量水质清澈度的重要指标。透明度的高低与水体中的悬浮物含量密切相关。悬浮物含量高的水体透明度低，反之则透明度高。通过测量水体的透明度，我们可以初步判断水体是否受到污染以及污染程度如何。

（三）图像特征与理化性质关联分析的方法论

要实现图像特征与土壤、水体理化性质的关联分析，需要采用科学的方法论。这包括图像预处理、特征提取、模型建立以及验证评估等多个环节。

首先，在图像预处理阶段，我们需要对采集到的图像进行去噪、增强对比度、校正色彩等操作，以提高图像的质量和可读性。同时，我们还需要对图像进行分割和识别处理，以提取出与土壤、水体理化性质相关的关键特征。

其次，在特征提取阶段，需要利用图像处理技术和机器学习算法对图像中的关键特征进行提取和量化。这些特征可能包括颜色、纹理、形状等多种类型的信息。通过特征提取，我们可以将图像中的有用信息转化为可量化的数据形式，为后续分析提供基础。

再次，在模型建立阶段，需要建立图像特征与土壤、水体理化性质之间的关联模型。这可以通过回归分析、分类算法、神经网络等多种方法实现。模型建立的目标是找到图像特征与理化性质之间的最佳映射关系，以便通过图像特征来预测或推断土壤、水体的理化性质。

最后，在验证评估阶段，需要对建立的模型进行验证和评估。这包括使用独立的数据集对模型进行测试，以检验模型的准确性和可靠性。同时，还需要对模型的局限性进行分析和讨论，以便在未来的研究中进一步改进和完善。

（四）图像特征与理化性质关联分析的意义与展望

图像特征与土壤、水体理化性质的关联分析在环境科学领域具有重要意义。它不仅为土壤与水体的质量评估提供了一种快速、非破坏性的方法，还为环境监测和污染防控提供了有力的技术支持。通过这种方法，研究人员可以更加全面、深入地了解土壤与水体的质量状况及其变化趋势，为制定科学的环境保护政策和管理措施提供科学依据。

展望未来，随着图像处理技术和机器学习算法的不断发展，图像特征与土壤、水体理化性质的关联分析将变得更加精准和高效。同时，随着大数据和云计算等技术的广泛应用，我们有望实现更大范围、更高精度的环境监测和评估。这将为环境保护事业注入新的动力，推动我们向着更加绿色、可持续的未来迈进。

三、质量评估模型构建与验证

（一）质量评估模型构建的理论基础

在土壤与水体质量评估中，构建科学、合理的评估模型是核心环节。这一过程依赖于深厚的理论基础，包括但不限于环境科学、土壤学、水文学、统计学以及计算机科学等多个学科的知识体系。首先，我们需要明确评估目标，即确定要评估的土壤与水体质量的具体指标，如土壤肥力、污染程度、水体清澈度、营养盐浓度等。随后，基于这些指标，结合相关学科的理论知识，构建出能够反映土壤与水体质量状况的评估框架。

在构建评估模型时，我们还需充分考虑土壤与水体的自然属性及其相互作用的复杂性。例如，土壤的质量不仅受到其物理、化学性质的影响，还与其生物活性、空间分布等因素密切相关；而水体的质量则受到水源地、流域环境、人类活动等多重因素的共同作用。因此，在构建评估模型时，需要综合运用多学科的理论知识，确保模型的全面性和准确性。

（二）评估模型构建的技术路径

评估模型的构建是一个系统工程，需要遵循一定的技术路径。首先，需要进行数据收集与预处理。这包括收集土壤与水体的样本数据、监测数据以及遥感影像等多元数据，并对这些数据进行清洗、整合和标准化处理，以确保数据的质量和一致性。随后，基于预处理后的数据，利用统计学方法、机器学习算法或专家系统等技术手段，构建出能够反映土壤与水体质量状况的评估模型。

在模型构建过程中，还需要进行模型参数的优化和调整。这通常涉及对模型中的关键参数进行反复试验和比对，以找到最佳的参数组合，使得模型能够更好地拟合实际数据并预测未来的质量变化趋势。此外，我们还需要对模型进行敏感性分析和不确定性分析，以评估模型在不同情境下的表现和稳定性。

（三）评估模型的验证与评估

构建完成的评估模型需要经过严格的验证与评估才能投入使用。验证与评估的目的是确保模型的准确性和可靠性，并发现可能存在的问题和不足之处。在验证过程中，我们需要使用独立的数据集对模型进行测试，以检验模型在未知数据上的表现能力；同时，还需要将模型的预测结果与实际情况进行对比分析，以评估模型的准确性和误差范围。

除了使用独立数据集进行验证外，我们还可以采用交叉验证、留一验证等方法进一步检验模型的泛化能力和稳定性。在评估过程中，我们还需要关注模型的鲁棒性、可解释性以及计算效率等方面的问题。鲁棒性是指模型在面对异常数据或噪声时的稳定性；可解释性则是指模型结果的清晰度和可理解性；而计算效率则是指模型在处理大规模数据时的速度和资源消耗情况。

（四）质量评估模型的应用与展望

构建并验证完成的土壤与水体质量评估模型具有广泛的应用前景。在环境保护领域，评估模型可以用于监测和评估土壤与水体的污染状况及其变化趋势，为污染防控和生态修复提供科学依据。在农业生产中，评估模型可以帮助农民了解土壤肥力状况并科学施肥以提高作物产量和品质。在城市规划和管理中，评估模型还可以用于评估城市水系和绿地的生态服务功能并优化城市空间布局。

展望未来，随着科技的不断进步和数据的不断积累，土壤与水体质量评估模型将更加智能化和精准化。一方面，随着人工智能和大数据技术的发展，评估模型将能够处理更加复杂和多元的数据类型并提取出更加有价值的信息；另一方面，随着遥感技术和物联网技术的普及应用，评估模型将能够实现对土壤与水体的实时监测和动态评估，为环境保护和可持续发展提供更加有力的支持。

第五节　农产品品质分级与溯源

一、农产品外观特征提取

（一）农产品外观特征提取的重要性

农产品外观特征的提取在品质分级与溯源中扮演着至关重要的角色。随着消费者对食品安全和品质要求的日益提高，对农产品进行精准的品质分级和有效的溯源管理成为现代农业发展的重要方向。农产品的外观特征，如颜色、形状、大小、表面纹理等，是反映其内在品质的重要指标。通过提取这些特征，我们可以对农产品进行快速、准确的品质评估，为消费者提供可靠的产品信息，同时也为农产品的溯源管理提供重要依据。

在品质分级方面，农产品的外观特征能够直观地反映其成熟度、新鲜度以及是否存在病虫害等问题。例如，在水果的品质分级中，色泽鲜艳、形状饱满、表面光滑的水果往往被视为高品质产品，而颜色暗淡、形状不规则、存在病斑的水果则可能品质较差。通过提取水果的这些外观特征，我们可以利用机器视觉和深度学习算法对其进行自动化快速分级，提高分级的准确性和效率，减少人为因素带来的误差。

在溯源管理方面，农产品的外观特征同样具有重要意义。通过记录农产品的外观特征信息，并结合二维码、射频识别（RFID）等物联网技术，我们可以为每一批次或每一件农产品赋予唯一的身份标识。这样，在农产品的生产、加工、运输和销售等各个环节中，我们都可以通过扫描其身份标识来追溯其来源和流转过程。这不仅有助于保障农产品的质量安全，还能够提升消费者对农产品的信任度和满意度。

（二）农产品品质分级的方法与技术

农产品品质分级的方法与技术多种多样，但核心在于对农产品外观特征的精准提取和分析。目前，常用的品质分级方法包括人工分级和自动化分级两种。人工分级依赖于经验丰富的分级人员通过视觉和触觉等手段对农产品进行主观判断，但这种方法存在主观性强、效率低、易出错等缺点。而自动化分级则利用机器视觉、深度学习等先进技术对农产品的外观特征进行快速识别和分析，具有客观性强、效率高、准确性高等优点。

在自动化分级技术中，机器视觉技术是关键。通过高分辨率的摄像头和图像处理算法，机器视觉系统可以实时捕捉农产品的图像信息，并对其进行预处理、特征提取和分类识别等操作。例如，在水果的品质分级中，机器视觉系统可以自动识别水果的成熟度、色泽、形状和大小等特征，并根据预设的分级标准将其划分为不同的品质等级。此外，深度学习技术的应用也进一步提高了自动化分级的准确性和效率。通过建立深度学习模型，我们可以对大量的农产品图像数据进行训练和学习，使其具备对农产品外观特征的自动识别和分类能力。

（三）农产品溯源系统的构建与应用

农产品溯源系统的构建是保障农产品质量安全的重要手段。一个完整的农产品溯源系统应该包括数据采集、数据传输、数据存储和数据查询等关键环节。在数据采集环节，我们需要利用物联网技术采集农产品的生产、加工、运输和销售等各个环节的信息，并将其与农产品的身份标识相关联。在数据传输环节，我们需要利用互联网和移动通信技术将采集到的数据传输到云端服务器或数据中心进行存储和处理。在数据存储环节，我们需要建立安全可靠的数据库来存储农产品的溯源信息，并确保数据的完整性和可追溯性。在数据查询环节，我们需要提供便捷的查询接口和工具，让消费者和监管部门能够方便查询农产品的溯源信息。

农产品溯源系统的应用不仅有助于保障农产品的质量安全，还能够提升农产品的品牌形象和市场竞争力。通过溯源系统，消费者可以了解农产品的生产环境、生产过程、质量检测等信息，从而增强对农产品的信任度和购买意愿。同时，溯源系统还可以为农产品的监管提供有力支持，帮助监管部门及时发现和处理农产品质量安全问题，保障消费者的合法权益。

（四）农产品外观特征提取的未来发展趋势

随着科技的不断进步和消费者对农产品品质要求的不断提高，农产品外观特征提取技术将呈现出以下发展趋势。一是自动化程度将不断提高。未来，更多的自动化设备和算法将被应用于农产品外观特征的提取和分析中，以提高分级的准确性和效率。二是智能化水平将不断提升。通过引入人工智能技术和大数据分析技术，我们可以实现对农产品外观特征的智能识别和分类，进一步提高品质分级的准确性和可靠性。三是溯源管理将更加全面和深入。未来，农产品溯源系统将覆盖更多的生产环节和流通环节，实现全流程的追溯和管理。同时，溯源信息也将更加丰富和详细，包括农产品的产地、品种、生产环境、质量检测等多个方面。四是数据安全和隐私保护将受到更多关注。随着溯源系统的广泛应用和数据量的不断增加，如何确保数据的安全性和隐私性将成为亟待解决的问题。因此，未来我们需要加强数据安全和隐私保护技术的研究和应用，以保障农民和生产商的信息安全和隐私不受侵犯。

二、品质分级标准制定

（一）品质分级标准制定的必要性

在农产品市场中，品质分级标准的制定是确保产品质量、维护市场秩序、促进公平竞争的必要手段。农产品种类繁多，其品质受多种因素影响，如生长环境、种植技术、收获时间等。因此，科学合理的品质分级标准，对于消费者而言，能够帮助其清晰地区分产品优劣，做出更加明智的购买决策；

对于生产者而言，则能够规范生产流程，提升产品质量，增强市场竞争力。此外，品质分级标准还是农产品溯源管理的重要基础，分级标准的实施，可以实现对农产品从生产到销售的全程追溯，保障农产品的质量安全。

（二）分级标准的科学性与合理性

品质分级标准的科学性与合理性是确保其有效实施的关键。首先，分级标准应基于农产品的实际特性和市场需求制定，既要反映产品的内在品质，又要考虑消费者的接受程度和购买习惯。其次，分级标准应具有可操作性和可验证性，即能够通过标准化的检测方法和手段对农产品进行客观评价，确保分级结果的准确性和公正性。此外，分级标准还应具有一定的前瞻性和灵活性，以适应市场变化和技术进步的需求。在制定分级标准时，我们应广泛征求专家、生产者、消费者等各方意见，确保标准的科学性和合理性。

（三）分级标准的实施与监管

品质分级标准的实施与监管是确保其发挥实效的重要环节。一方面，政府和相关机构应加强对分级标准的宣传和推广，提高生产者和消费者的认知度和接受度，同时应建立健全的分级检测体系和认证制度，对农产品进行定期或不定期的检测和评估，确保分级结果的准确性和可靠性。另一方面，政府和相关机构应加强对分级标准的监管力度，对违反分级标准的行为进行严厉查处，维护市场秩序和公平竞争。此外，政府还应鼓励行业协会和第三方机构参与分级标准的实施与监管工作，形成多方共治的良好局面。

（四）分级标准对农业产业发展的推动作用

品质分级标准的制定和实施不仅有助于提升农产品的质量和市场竞争力，还对农业产业的发展具有积极的推动作用。首先，分级标准的实施可以促进农业生产的标准化和规模化发展，推动农业产业结构的优化升级。

通过分级标准的引导，生产者可以更加精准地把握市场需求和消费者偏好，调整生产结构和种植技术，提高农产品的产量和品质。其次，分级标准的实施可以促进农产品品牌的培育和推广。通过分级标准的认证和标识，消费者可以更加直观地了解农产品的品质和特点，增强对品牌的认知和信任度。这将有助于推动农产品品牌化、差异化发展，提高农产品的附加值和市场竞争力。最后，分级标准的实施还可以促进农业产业链的整合和协同发展。分级标准的连接作用，可以将农产品的生产、加工、销售等环节紧密连接起来，形成完整的产业链条和利益共同体。这将有助于降低生产成本、提高生产效率、增加农民收入，推动农业产业的可持续发展。

三、溯源信息编码及其嵌入与应用

（一）溯源信息编码的重要性

在农产品品质分级与溯源体系中，溯源信息编码是构建全程可追溯系统的基础和核心。通过为每一件或每一批次农产品分配唯一的身份标识码，即溯源信息编码，我们可以实现对农产品从生产源头到消费终端的全链条信息记录与追踪。这一过程不仅有助于保障农产品的质量安全，提升消费者的信任度，还能为农产品的品质分级提供准确的数据支持。因此，溯源信息编码的制定与实施对于农产品品质分级与溯源体系的建立和完善具有重要意义。

溯源信息编码的制定应遵循科学、规范、统一的原则，确保编码的唯一性、可读性和可扩展性。同时，编码的设计应充分考虑农产品的特性和市场需求，以便于信息的采集、处理和共享。在实际应用中，溯源信息编码可以包含农产品的生产批次、生产日期、产地、品种、质量检测等信息，这些信息将作为农产品身份标识的重要组成部分，贯穿于农产品的生产、加工、运输、销售等各个环节。

（二）溯源信息编码的技术实现

溯源信息编码的技术实现主要依赖于现代信息技术的发展和应用。目前，常用的溯源信息编码技术包括二维码、RFID、区块链等。其中，二维码因其成本低廉、易于识别、信息量大等特点，在农产品溯源领域得到了广泛应用。通过扫描二维码，消费者可以快速获取农产品的溯源信息，了解产品的生产过程和质量状况。

RFID 技术则具有非接触式识别、快速读取、信息量大、安全性高等优点，适用于对农产品进行自动化、智能化的追踪和管理。然而，由于 RFID 标签的成本相对较高，目前主要应用于高端农产品或特定领域的溯源管理。

区块链技术作为近年来兴起的一种分布式账本技术，具有去中心化、不可篡改、可追溯等特点，为农产品溯源信息的存储和共享提供了更加安全、可靠的技术手段。将农产品的溯源信息存储在区块链上，可以确保信息的真实性和完整性，防止信息被篡改或伪造。

（三）溯源信息编码的嵌入与应用

溯源信息编码的嵌入是确保农产品全程可追溯的关键环节。在生产环节，生产者可以通过打印或粘贴二维码、RFID 标签等方式，将溯源信息编码嵌入农产品或其包装上。在加工、运输、销售等环节，相关企业和人员则可以通过扫描编码或读取标签中的信息，实现对农产品流转过程的监控和管理。

溯源信息编码的应用不仅限于农产品的质量追溯，还可以扩展到农产品的品质分级、市场定价、品牌塑造等多个方面。通过收集和分析农产品的溯源信息，企业可以更加精准地把握市场需求和消费者偏好，优化生产结构和销售策略，提高农产品的附加值和市场竞争力。同时，政府监管部门也可以通过溯源信息编码系统，对农产品的生产、加工、销售等环节进行全程监管，确保农产品的质量安全和市场秩序的稳定。

（四）溯源信息编码的未来发展趋势

随着科技的不断进步和消费者对农产品品质要求的不断提高，溯源信息编码技术将呈现出以下发展趋势。一是编码技术的不断创新和完善。未来将有更多新型编码技术被应用于农产品溯源领域，如量子编码、生物识别等，以提高编码的安全性和准确性。二是编码信息的全面化和精细化。随着消费者对农产品信息需求的不断增加，溯源信息编码将包含更多维度的信息，如农产品的营养成分、种植环境、加工工艺等，以满足消费者的多元化需求。三是编码系统的智能化和自动化。人工智能、大数据等先进技术，可以实现溯源信息编码的智能化识别和自动化处理，提高系统的运行效率和准确性。四是编码标准的国际化和统一化。随着国际贸易的不断发展，各国之间的农产品溯源信息编码标准将逐渐趋于统一和互认，以促进农产品在全球范围内的自由流通和贸易便利化。

四、分级与溯源系统实现

（一）分级与溯源系统的整体架构设计

农产品品质分级与溯源系统的实现，首先需构建一套科学、合理且高效的整体架构。这一架构应涵盖数据采集层、数据处理层、数据存储层、业务逻辑层以及用户交互层等多个层面。数据采集层负责从生产源头开始，收集农产品的各类信息，如生长环境、种植技术、质量检测报告等；数据处理层则对这些原始数据进行清洗、整合和标准化处理，以形成可供分析和应用的数据集；数据存储层采用高性能的数据库系统，确保数据的安全性和可访问性；业务逻辑层是系统的核心，负责实现农产品的品质分级算法和溯源逻辑；用户交互层则面向消费者、生产者及监管机构等不同用户群体，提供直观、便捷的查询和追溯服务。

（二）关键技术选型与应用

在实现分级与溯源系统的过程中，关键技术的选型与应用至关重要。

首先，系统需采用先进的物联网技术，如传感器、RFID 标签等，实现农产品的智能化识别和追踪。这些技术能够实时采集农产品的关键信息，并通过无线网络传输至数据处理中心。其次，系统应集成机器学习、数据挖掘等人工智能技术，对收集到的数据进行深入分析，以实现对农产品品质的精准分级。同时，区块链技术的引入，则为溯源信息的真实性和不可篡改性提供了有力保障。区块链的分布式账本特性，使得每一次交易和数据变更都被记录在链上，并接受全网节点的共同监督，从而有效防止了数据造假和篡改的风险。

（三）系统功能模块设计与实现

分级与溯源系统的功能模块设计需紧密围绕用户需求展开。一般而言，系统应包含以下几个核心模块：一是数据采集模块，负责从生产现场、检测机构等渠道收集农产品相关信息；二是数据处理与分析模块，对收集到的数据进行处理和分析，以生成品质分级报告和溯源信息；三是数据存储与管理模块，提供高效、安全的数据存储服务，并支持数据的快速检索和共享；四是用户交互模块，提供直观、易用的用户界面，支持消费者、生产者及监管机构等不同用户群体的查询和追溯需求；五是监管与预警模块，利用大数据分析技术，对农产品质量进行实时监控和预警，及时发现并处理潜在的质量问题。

（四）系统性能优化与安全保障

为确保分级与溯源系统的稳定运行和高效服务，系统性能优化与安全保障工作同样不可忽视。在性能优化方面，系统需采用高效的算法和数据结构，优化数据处理和查询性能；同时，通过负载均衡、分布式部署等技术手段，提升系统的并发处理能力和可扩展性。在安全保障方面，系统需建立完善的安全防护体系，包括数据加密、访问控制、审计追踪等安全措施，确保数据在传输、存储和处理过程中的安全性和隐私性。此外，系统还需定期进行安全漏洞扫描和风险评估工作，及时发现并修复潜在的安全隐患。

第三章 语义分析助力农业信息挖掘

第一节 农业文本数据处理与理解

一、文本数据清洗与预处理

（一）文本数据清洗的重要性与必要性

在农业文本数据处理与理解领域，文本数据清洗是至关重要的环节。农业文本数据通常来源于多种渠道，如农业科研报告、农产品市场信息、农业政策文件以及农民经验分享等，这些数据往往包含大量噪声、重复信息、无关词汇及格式不一的问题。因此，文本数据清洗的首要任务是去除这些杂质，确保后续分析处理的准确性和效率。

文本数据清洗的重要性体现在以下几个方面：一是提高数据质量，减少因数据错误或不一致导致的分析偏差；二是优化数据存储与管理，通过清洗可以去除冗余数据，降低存储成本，提高检索效率；三是提升模型性能，清洗后的数据更加符合算法要求，能够显著提高机器学习模型的预测精度和泛化能力。

（二）文本数据清洗的具体步骤

文本数据清洗的具体步骤主要包括以下几个方面。

1. 去重与去噪

首先，需要识别并删除重复的数据条目，避免在后续分析中出现重复计算。同时，去除文本中的噪声信息，如 HTML 标签、特殊字符、无关符号等，这些噪声信息对于文本分析没有实际价值，反而会增加处理难度。

2. 分词处理

农业文本数据通常包含丰富的专业词汇和短语，通过分词技术可以将长文本切分成有意义的词语或短语，为后续的情感分析、关键词提取等任务打下基础。分词过程中需要选择适合农业领域的分词工具，以确保分词的准确性和效率。

3. 停用词去除

停用词是指在文本中频繁出现但对分析无实际意义的词汇，如"的""了""和"等。去除停用词可以减少数据冗余，提高文本处理的效率。

4. 词形还原与词干提取

农业文本中经常出现同根词的不同形态，通过词形还原或词干提取技术可以将这些词汇统一为同一形式，有助于后续的关键词提取和文本分类任务。

（三）文本数据预处理的特殊性与挑战

农业文本数据在预处理过程中面临一些特殊性和挑战。

首先，农业领域具有高度的专业性和地域性，文本数据中包含大量专业术语和地域性表达，这要求预处理过程中必须充分考虑这些特点，避免误删或误改重要信息。

其次，农业文本数据往往具有多样性和非结构化特性，包括报告、论文、新闻、社交媒体等多种类型的数据源，这增加了数据处理的复杂性和难度。预处理过程中需要采用多种技术手段和方法，以适应不同类型数据的处理需求。

最后，农业文本数据往往存在语义模糊和歧义性问题，如某些词汇在不同语境下可能有不同的含义。这要求预处理过程中必须充分考虑语义信息，采用语义分析、上下文理解等技术手段来提高处理的准确性和精度。

（四）文本数据清洗与预处理在农业领域的应用

文本数据清洗与预处理在农业领域具有广泛的应用前景。

首先，在农业科研领域，通过对科研文献的清洗与预处理，可以提取出关键的研究成果和趋势信息，为科研人员提供有价值的参考和启示。

其次，在农产品市场分析领域，通过对市场信息的清洗与预处理，可以识别出市场热点和趋势变化，为农产品生产和销售提供决策支持。

最后，在农业政策制定和实施过程中，通过对政策文件的清洗与预处理，可以提取出政策的核心内容和要求，为政策制定者提供科学的决策依据。

综上所述，文本数据清洗与预处理在农业文本数据处理与理解中扮演着至关重要的角色。通过科学的清洗和预处理手段，可以显著提高数据质量和分析效率，为农业科研、市场分析和政策制定提供有力的支持。

二、分词与词性标注

（一）分词在农业文本数据处理中的基础性作用

分词是农业文本数据处理与理解的基础步骤，其重要性不言而喻。农业文本中蕴含着丰富的专业术语、技术描述和地域性表达，这些元素对于理解文本内容、挖掘潜在信息至关重要。分词技术能够将连续的文本字符串切分成具有独立意义的词汇单元，为后续的词性标注、实体识别、情感分析等任务提供基础。

在农业领域，分词面临诸多挑战。首先，农业专业术语繁多且不断更新，如新型农作物品种、病虫害防治方法等，这些新词汇可能不在现有分词词典中，导致分词错误。其次，农业文本中常出现长句和复杂句式，增加了分词的难度。最后，地域性表达也是农业文本的一大特色，不同地区对同一事物的称呼可能不同，这也对分词提出了更高要求。

因此，在农业文本处理中，需要采用专门的分词工具或算法，结合农业领域的特点进行定制和优化。通过引入农业专业词典、利用上下文信息、采用机器学习或深度学习等技术手段，提高分词的准确性和效率。

（二）词性标注对农业文本理解的深化

词性标注是在分词基础上进一步对词汇进行语法和语义属性标注的过程。在农业文本中，词性标注不仅有助于理解句子的语法结构，还能揭示词汇在文本中的具体作用和含义。例如，动词通常表示行为或动作，名词则代表实体或概念，形容词和副词则用于描述和修饰。

通过词性标注，我们可以更深入地理解农业文本中的信息。例如，在农业科技文献中，我们通过标注出的技术名词、动词短语等关键信息，可以快速把握文献的研究内容和技术方法。在农产品市场信息中，标注出价格、产量等数值型词汇及其对应的量词，可以方便地进行数据提取和分析。

此外，词性标注还为后续的语义分析、信息抽取等任务提供了重要支持。通过词性标注，我们可以识别出文本中的关键信息点，进而构建语义网络、提取知识图谱等高级文本表示形式。

（三）分词与词性标注技术的融合与创新

分词与词性标注作为文本处理的基础任务，其技术的发展和融合对于提高农业文本处理的效果具有重要意义。近年来，随着自然语言处理技术的不断进步，分词与词性标注技术也在不断创新和完善。

一方面，基于深度学习的分词与词性标注模型逐渐兴起。这些模型通过自动学习文本中的特征表示和上下文信息，实现了对复杂文本结构的准确理解和标注。在农业领域，我们可以利用这些模型对农业专业术语、地域性表达等进行有效识别和标注。

另一方面，分词与词性标注技术的融合也呈现出新的趋势。例如，将分词与词性标注任务联合建模，通过共享底层表示和上下文信息，提高两个任务的相互促进效果。此外，我们还可以将分词与词性标注与其他文本处理任务相结合，如命名实体识别、情感分析等，形成一体化的文本处理流程。

（四）分词与词性标注在农业领域的应用前景

分词与词性标注在农业领域具有广泛的应用前景。首先，在农业科技文献分析中，通过分词与词性标注可以提取出关键的技术名词、研究方法等信息，为科研人员提供有价值的参考和启示。其次，在农产品市场信息挖掘中，分词与词性标注可以帮助我们快速识别出价格、产量等关键信息点，为市场分析和预测提供支持。

此外，分词与词性标注还可以应用于农业政策解读、农业知识问答系统等多个领域。通过构建基于分词与词性标注的文本处理系统，我们可以实现对农业领域海量文本数据的快速处理和分析，为农业决策、科研创新和市场发展提供有力支持。

综上所述，分词与词性标注作为农业文本数据处理与理解的基础任务，其技术的发展和应用对于推动农业信息化、智能化具有重要意义。未来，随着技术的不断进步和应用场景的不断拓展，分词与词性标注在农业领域的应用前景将更加广阔。

三、句法分析与语义角色标注

（一）句法分析在农业文本中的核心地位

句法分析是自然语言处理中的一个重要环节，它旨在解析文本中的句子结构，识别出句子中的主语、谓语、宾语等句法成分及其相互关系。在农业文本数据处理与理解中，句法分析占据核心地位，因为它能够揭示文本中信息的组织方式和逻辑结构，为后续的语义理解和信息抽取提供重要依据。

农业文本往往包含复杂的句子结构和丰富的语义信息，如描述农作物的生长周期、病虫害防治方法、农业技术应用的详细过程等。这些信息不仅要求准确的分词和词性标注，更需要深入的句法分析来揭示其内在的逻辑联系和层次结构。通过句法分析，我们可以清晰地看到句子中各个成分之间的依赖关系，进而理解整个句子的意义。

（二）语义角色标注对农业文本理解的深化

语义角色标注是句法分析的进一步延伸，它关注于句子中谓词与论元之间的关系，即谁做了什么、对谁做了、用什么做的等语义角色信息。在农业文本中，语义角色标注能够深化我们对文本内容的理解，揭示出隐藏在句子背后的深层语义关系。

例如，在描述一种新型农药的应用效果时，语义角色标注可以帮助我们识别出农药的名称、应用的作物种类、应用的时间、应用的效果等关键信息。这些信息不仅有助于我们理解农药的特性和应用方法，还能为农药的研发和推广提供有价值的参考。

此外，语义角色标注还能够提高信息抽取的准确性和效率。通过标注出句子中的语义角色信息，我们可以更加精确地定位到所需的信息点，避免在大量文本数据中盲目搜索和筛选。

（三）句法分析与语义角色标注技术的融合与发展

句法分析与语义角色标注作为自然语言处理中的两个重要任务，其技术的发展和融合对于提高农业文本处理的效果具有重要意义。近年来，随着深度学习等技术的兴起，句法分析与语义角色标注技术也在不断创新和完善。

一方面，深度学习模型能够自动学习文本中的特征表示和上下文信息，从而实现对复杂句子结构的准确解析和语义角色的精确标注。这种能力使得深度学习在句法分析与语义角色标注任务中展现出强大的优势。

另一方面，句法分析与语义角色标注技术的融合也呈现出新的趋势。例如，句法分析与语义角色标注任务联合建模，通过共享底层表示和上下文信息来提高两个任务的相互促进效果。此外，我们还可以将句法分析与语义角色标注与其他文本处理任务相结合，如情感分析、问答系统等，形成一体化的文本处理流程。

（四）句法分析与语义角色标注在农业领域的应用展望

句法分析与语义角色标注在农业领域具有广泛的应用前景。首先，在农业科技文献分析中，句法分析与语义角色标注可以帮助人们提取出关键的技术细节、实验方法等信息，为科研人员提供深入的理解和参考。其次，在农产品市场信息挖掘中，句法分析与语义角色标注可以帮助我们识别出价格变动趋势、消费者需求变化等关键信息点，为市场分析和预测提供支持。

此外，句法分析与语义角色标注还可以应用于农业政策解读、农业知识图谱构建等多个领域。通过构建基于句法分析与语义角色标注的文本处理系统，我们可以实现对农业领域海量文本数据的快速处理和分析，为农业决策、科研创新和市场发展提供有力支持。

综上所述，句法分析与语义角色标注作为农业文本数据处理与理解的关键技术，其发展和应用对于推动农业信息化、智能化具有重要意义。未来，随着技术的不断进步和应用场景的不断拓展，句法分析与语义角色标注在农业领域的应用前景将更加广阔。

四、文本向量化表示

（一）文本向量化表示在农业文本处理中的基础作用

文本向量化表示是自然语言处理中的一项核心技术，它将非结构化的文本数据转换为结构化的数值向量形式，从而使得计算机能够理解和处理文本信息。在农业文本数据处理与理解中，文本向量化表示扮演着基础而关键的角色。通过将农业领域的文本数据转换为向量形式，我们可以利用机器学习、深度学习等算法对文本进行高效的分析和挖掘。

文本向量化表示的基础作用主要体现在以下几个方面：一是为文本数据提供了统一的表示形式，使不同来源、不同格式的农业文本数据能够在同一框架下进行比较和分析；二是降低了文本数据的维度，提高了处理效率，使大规模农业文本数据的处理成为可能；三是保留了文本中的关键信息，使文本分析的结果更加准确和可靠。

（二）常用文本向量化表示方法及其在农业领域的应用

在农业文本数据处理中，常用的文本向量化表示方法包括词袋模型、TF-IDF、词嵌入以及基于深度学习的文本表示模型。这些方法各有优缺点，适用于不同的应用场景。

词袋模型是最简单的文本向量化表示方法之一，它将文本视为一系列词汇的集合，不考虑词汇之间的顺序和关系。然而，词袋模型在处理农业文本时存在词汇量大、稀疏性高等问题。

TF-IDF 方法通过考虑词汇在文本中的频率和在整个语料库中的逆文档频率来改进词袋模型，提高了文本表示的区分度。

词嵌入方法则将词汇映射到低维的连续向量空间中，使得语义上相似的词汇在向量空间中距离较近。这种方法在农业文本处理中尤为有效，因为它能够捕捉词汇之间的语义关系，从而更好地理解文本内容。例如，在农业科研文献中，相似的实验方法或技术词汇在向量空间中会聚集在一起，便于我们进行聚类分析和主题挖掘。

基于深度学习的文本表示模型则更加先进和复杂，它们能够自动学习文本中的特征表示和上下文信息，生成更加准确和丰富的文本向量。这些模型在农业文本处理中展现出强大的能力，能够处理复杂的语义关系和语言现象，提高文本分析和理解的精度。

（三）文本向量化表示对农业文本理解深度的影响

文本向量化表示的质量直接影响农业文本理解的深度和广度。高质量的文本向量能够准确地反映文本中的关键信息和语义关系，使得后续的文本分析任务更加准确和高效。相反，低质量的文本向量则可能导致信息丢失或误导分析结果。

在农业文本处理中，我们需要根据具体的应用场景和需求选择合适的文本向量化表示方法。例如，在农业市场预测任务中，我们可能需要关注文本中的价格、产量等关键信息，因此可以选择基于 TF-IDF 或词嵌入的文本表示方法；而在农业科研文献分析中，我们则需要关注文本中的实验方法、技术细节等复杂信息，因此可能需要采用基于深度学习的文本表示模型。

（四）未来文本向量化表示在农业文本处理中的发展趋势

随着自然语言处理技术的不断发展和创新，文本向量化表示在农业文本处理中的应用也将迎来新的发展机遇。未来，我们可以预见以下几个发展趋势。

一是向量化表示的精度和效率将不断提高。随着算法和模型的优化以及计算能力的提升，我们将能够生成更加准确和高效的文本向量，从而更好地支持农业文本处理任务。

二是多模态文本向量化表示将成为研究热点。农业文本数据往往与图像、视频等多模态数据相关联，因此如何将这些多模态数据融合到文本向量化表示中，实现更加全面的文本理解，将是一个重要的研究方向。

三是基于知识图谱的文本向量化表示将受到更多关注。知识图谱能够表示和存储丰富的领域知识，将知识图谱与文本向量化表示相结合，可以实现更加深入和精准的文本理解和分析。

综上所述，文本向量化表示在农业文本数据处理与理解中发挥着基础而关键的作用。未来，随着技术的不断进步和应用场景的不断拓展，文本向量化表示在农业领域的应用前景将更加广阔。

第二节　农业政策与市场信息提取

一、农业政策与市场数据源分析

（一）农业政策分析

农业政策作为国家宏观调控的重要手段，对农业市场的稳定与发展起着至关重要的作用。近年来，我国政府出台了一系列旨在促进农业发展的政策措施，涵盖了补贴、税收、保险、土地流转等多个方面。

首先，补贴政策是农业政策的重要组成部分。政府通过直接补贴农业生产者，鼓励其扩大生产规模和提高生产效率。这些补贴不仅覆盖了粮食、棉花等大宗农产品，还延伸至畜牧业、渔业等细分领域，确保了农业生产的全面性和多样性。补贴政策的实施有效提升了农民的生产积极性，稳定了农业生产供给。

其次，税收优惠政策也是农业政策的重要一环。针对农业企业，政府实施了一系列税收减免措施，降低了企业的经营成本，增强了其市场竞争力。这些政策不仅促进了农业企业的健康发展，还吸引了更多社会资本进入农业领域，推动了农业现代化进程。

再次，农业保险政策的出台为农民提供了风险保障。自然灾害是农业生产中不可避免的风险因素，而农业保险能够在一定程度上降低这种风险对农民造成的损失。政府通过鼓励农民参加农业保险，提高了农民抵御自然灾害的能力，保障了农业生产的稳定性。

最后，农村土地政策的调整也为农业发展注入了新的活力。宅基地管理制度改革、农村土地流转等政策的实施，促进了农村土地的高效利用和合理配置。这些政策不仅保障了农民的合法权益，还推动了农业规模化经营和集约化生产，为农业现代化提供了有力支撑。

（二）市场信息提取与分析

农业市场信息是农业生产和经营决策的重要依据。准确、及时地获取和分析市场信息，对于指导农业生产、优化资源配置、提高经济效益具有重要意义。

首先，政府机构发布的统计数据是农业市场信息的重要来源。这些统计数据涵盖了农产品产量、收购价格、出口和进口情况等多个方面，为农业市场分析提供了基础数据支持。通过对这些数据的分析，我们可以了解农业生产的整体状况和市场供需关系，为制定科学合理的农业政策提供依据。

其次，农产品公司的季度财务报告也是市场信息的重要来源。这些报告反映了农产品公司的经营状况和市场表现，包括销售额、利润率等关键指标。通过对这些报告的分析，我们可以了解农产品市场的竞争格局和企业盈利能力，为投资者和经营者提供决策参考。

再次，专业机构发布的农产品行情分析报告和调查结果也是市场信息的重要补充。这些报告通常包含市场走势、需求预测、供应情况以及价格预测等方面的数据，为农业市场分析提供了全面而深入的视角。通过参考这些报告，我们可以更准确地把握市场动态和趋势变化。

最后，农产品期货交易所的交易数据也是市场信息的重要组成部分。期货市场的价格波动和交易量变化能够反映市场对农产品未来走势的预期和信心。通过对期货市场数据的分析，我们可以预测农产品价格的未来走势和市场供需变化趋势，为农业生产和经营提供重要参考。

（三）政策与市场的相互作用

农业政策与市场信息之间存在着密切的相互作用关系。一方面，农业政策的制定和调整需要充分考虑市场信息的反馈和变化；另一方面，市场信息的准确性和及时性也直接影响到农业政策的实施效果。

首先，农业政策的制定需要基于充分的市场调研和信息收集。政府在制定农业政策时，需要深入了解市场需求、供给状况、价格变动等因素的变化情况，以便制定出符合市场规律的政策措施。同时，政策制定者还需要密切关注市场信息的动态变化，及时调整政策方向和力度以适应市场变化的需求。

其次，市场信息的准确性和及时性对于农业政策的实施效果具有重要影响。如果市场信息不准确或滞后于市场变化，那么政策制定者可能无法做出正确的决策或及时调整政策方向，从而导致政策效果不佳或失效。因此，提高市场信息的准确性和及时性对于保障农业政策的实施效果具有重要意义。

二、关键信息抽取技术

（一）关键信息抽取技术在农业政策提取中的应用

在农业政策的提取过程中，关键信息抽取技术发挥着不可或缺的作用。这项技术能够从海量的政策文本中自动识别和提取出对农业生产和经营至关重要的信息，如补贴政策的具体条款、税收优惠的范围、土地流转的条件等。通过运用自然语言处理（NLP）和机器学习算法，关键信息抽取技术能够实现对政策文本的深度解析和精准定位，从而大幅提高政策信息获取的效率和准确性。

具体而言，关键信息抽取技术在农业政策提取中的应用主要体现在以下几个方面：一是自动分类与标注，即将政策文本按照不同的主题或类别进行分类，并为关键信息添加标签，便于后续的分析和检索；二是实体识别与关系抽取，即从政策文本中识别出与农业政策相关的实体（如政策名称、补贴对象、补贴标准等）以及它们之间的关系，构建政策知识图谱；三是情感分析与趋势预测，通过对政策文本的情感倾向进行分析，我们可以判断政策对农业生产和经营的影响程度，同时结合历史数据对未来政策趋势进行预测。

（二）关键信息抽取技术在市场信息提取中的价值

市场信息对于农业生产和经营决策具有至关重要的影响。关键信息抽取技术能够从海量的市场数据中提取出对农业生产者有用的信息，如农产品价格走势、市场需求变化、竞争对手动态等。这些信息不仅能够帮助农业生产者及时调整生产计划和营销策略，还能为其制定科学合理的经营决策提供依据。

在市场信息提取中，关键信息抽取技术主要通过以下几个步骤实现：首先，对原始市场数据进行预处理，包括数据清洗、格式转换等，以提高数据质量；其次，运用文本挖掘和机器学习算法对市场数据进行深度分析，提取出关键信息；最后，将提取出的关键信息进行整合和可视化展示，便于农业生产者理解和应用。

（三）技术挑战与应对策略

尽管关键信息抽取技术在农业政策与市场信息提取中展现出巨大的潜力，但其在实际应用中仍面临诸多挑战：一是数据异构性问题，即不同来源的数据在格式、结构和质量上存在差异，增加了数据处理的难度；二是领域知识缺乏问题，农业政策与市场信息涉及的知识领域广泛且复杂，需要构建专业的领域知识库来支持信息抽取；三是模型泛化能力问题，由于农业政策和市场信息具有多样性和动态性特点，如何使抽取模型在不同情境下保持高效和准确成为一大难题。

针对上述挑战，可以采取以下应对策略：一是加强数据预处理和清洗工作，提高数据的一致性和完整性；二是构建专业的领域知识库和本体库，为信息抽取提供丰富的领域知识支持；三是采用集成学习和迁移学习等方法，提高模型的泛化能力和适应性；四是结合专家知识和人工干预，对抽取结果进行校验和优化。

三、信息整合与结构化存储

（一）信息整合的重要性与意义

在信息爆炸的时代，农业政策与市场信息呈现出海量、异构、分散的特点，这使得直接利用这些信息变得困难重重。因此，信息整合成为提取和利用这些信息的关键步骤。信息整合的重要性在于它能够将来自不同渠道、不同格式、不同质量的信息进行有效汇聚和融合，形成全面、准确、及时的信息资源池。这对于农业生产者、政策制定者以及市场研究者来说，都具有极其重要的意义。

首先，信息整合有助于农业生产者全面把握市场动态和政策导向，及时调整生产计划和经营策略，提高经济效益和市场竞争力。其次，对于政策制定者来说，信息整合能够为其提供更加全面、深入的市场反馈和政策效果评估，有助于其制定更加科学、合理的农业政策。最后，市场研究者可以通过信息整合发现市场规律和趋势，为农业产业的发展提供有力的数据支持和决策依据。

（二）结构化存储的优势与挑战

结构化存储是信息整合后的重要输出形式，它将整合后的信息按照一定的逻辑结构和规则进行组织和存储，便于后续的查询、分析和利用。结构化存储的优势在于其高效性、准确性和可扩展性。结构化存储可以实现对信息的快速检索和精确匹配，提高信息利用的效率和质量。同时，结构化存储还具有良好的可扩展性，能够随着信息量的增加而灵活调整存储结构和容量。

然而，结构化存储也面临着诸多挑战。首先，信息整合过程中可能存在数据冗余、不一致和冲突等问题，这需要对整合后的信息进行清洗和校验，以确保其准确性和一致性。其次，不同来源的信息在结构和格式上可能存在较大差异，需要制定统一的数据标准和规范来指导结构化存储的实施。

最后，随着信息量的不断增加和变化，如何保持结构化存储的时效性和动态更新也是一个亟待解决的问题。

(三) 信息整合与结构化存储的技术实现

信息整合与结构化存储的技术实现涉及多个方面，包括数据清洗、数据转换、数据存储和数据管理等。首先，数据清洗是信息整合的首要步骤，它通过对原始数据进行去重、纠错、补全等操作，提高数据的质量和可用性。其次，数据转换是将清洗后的数据按照一定的规则和格式进行转换，以适应结构化存储的需求。这包括数据格式的转换、数据类型的转换以及数据结构的调整等。再次，数据存储是将转换后的数据按照一定的逻辑结构和规则进行组织和存储的过程。最后，数据管理是对存储后的数据进行维护、更新和查询等操作的过程，以确保数据的完整性和可用性。

在技术实现上，我们可以采用多种技术手段和工具来支持信息整合与结构化存储。例如，我们可以使用 ETL（extract-transform-load）工具来实现数据的抽取、转换和加载；可以使用关系型数据库或 NoSQL 数据库来存储结构化数据；可以使用数据仓库或数据湖来存储海量数据并进行深度分析；还可以使用数据可视化工具来展示和分析整合后的信息。

随着农业信息化和智能化的不断推进，信息整合与结构化存储将在农业政策与市场信息提取领域发挥越来越重要的作用。未来，信息整合与结构化存储的应用前景将主要体现在以下几个方面：一是提高农业生产效率和经营效益，通过精准把握市场动态和政策导向来优化生产计划和经营策略；二是推动农业政策制定和实施的精准化、科学化，为政策制定者提供更加全面、深入的市场反馈和政策效果评估；三是促进农业产业的数字化转型和智能化升级，通过大数据分析和人工智能技术来挖掘市场规律和趋势，为农业产业的发展提供有力的数据支持和决策依据。同时，随着技术的不断进步和应用场景的不断拓展，信息整合与结构化存储还将在农业金融、农业物流、农业电商等领域发挥重要作用，推动农业产业的全面升级和高质量发展。

四、信息更新与推送机制

（一）信息更新的重要性

在农业政策与市场信息提取的领域中，信息的时效性至关重要。市场环境的快速变化、政策调整的频繁发生，都要求信息系统必须具备高效的信息更新能力。信息更新不仅能够确保农业生产者、政策制定者及市场研究者获取到最新、最准确的信息，还能为他们的决策提供有力的支持。通过定期或实时地更新信息，农业生产者可以及时调整生产策略，政策制定者可以迅速响应市场变化，市场研究者则能更准确地把握市场趋势。

为了实现信息的及时更新，相关部门需要建立一套完善的信息收集、处理和发布机制。这包括从多种渠道获取最新信息、利用技术手段对信息进行筛选和整理以及通过合适的方式将更新后的信息发布给目标用户。此外，相关部门还需要建立信息更新的监督机制，确保信息的准确性和完整性。

（二）推送机制的设计与优化

信息推送机制是将更新后的信息及时、准确地传递给目标用户的关键环节。一个高效的信息推送机制应当具备以下几个特点：一是个性化推送，即根据用户的兴趣、需求和偏好，推送与其相关的信息；二是及时性推送，即在信息更新后的第一时间将其推送给用户；三是多渠道推送，即利用多种渠道（如短信、邮件、APP 通知等）向用户推送信息，以确保信息的广泛覆盖。

在设计信息推送机制时，设计人员需要考虑用户的需求和习惯。例如，对于农业生产者来说，他们可能更关注天气变化、农产品价格等实时信息，因此系统可以通过短信或 APP 通知的方式及时推送这些信息。而对于政策制定者来说，他们可能更关注政策解读、市场分析报告等深度信息，因此系统可以通过邮件或在线平台定期推送这些信息。

此外，为了优化信息推送机制，设计人员还可以采用人工智能技术来分析用户的行为和偏好，实现更加精准的推送，同时还可以通过用户反馈来不断调整和优化推送策略，以提高用户的满意度和忠诚度。

（三）信息更新与推送机制的技术实现与保障

信息更新与推送机制的实现需要依赖于先进的技术手段。这包括数据采集技术、数据处理技术、信息推送技术等。数据采集技术用于从多种渠道获取原始数据；数据处理技术用于对原始数据进行清洗、转换和整合，形成有价值的信息；信息推送技术则用于将处理后的信息及时推送给目标用户。

为了确保信息更新与推送机制的正常运行，设计人员还需要建立完善的技术保障体系。这包括系统稳定性保障、数据安全保障、网络通畅性保障等。系统稳定性保障是指确保系统能够持续、稳定地运行，避免因为系统故障而导致信息更新和推送的中断；数据安全保障是指采取有效措施保护用户数据的安全性和隐私性，防止数据泄露和滥用；网络通畅性保障则是指确保网络连接的稳定性和速度，以确保信息能够顺畅地传输到目标用户。

随着信息技术的不断发展，信息更新与推送机制在农业政策与市场信息提取领域的应用将呈现出更加智能化、个性化的趋势。未来，人工智能技术将在信息更新与推送中发挥更加重要的作用。通过深度学习、自然语言处理等技术手段，系统能够更准确地理解用户的需求和偏好，实现更加精准的推送。同时，随着物联网、大数据等技术的广泛应用，农业生产者将能够实时获取到作物生长状况、土壤条件等关键信息，从而更加科学地制定生产策略。此外，随着社交媒体的普及和用户行为的变化，信息推送机制也将逐渐融入社交媒体平台中。通过社交媒体平台的信息推送功能，农业生产者可以更加方便地获取到市场信息和政策动态；同时，政策制定者也可以利用社交媒体平台与用户进行互动交流，收集用户反馈和建议。这将有助于构建一个更加开放、互动、高效的信息生态系统，为农业产业的可持续发展提供有力支持。

第三节　农民需求与反馈分析

一、农民需求与反馈数据收集

（一）农民需求的多维度解析

在农业领域，深入了解并精准把握农民的需求，是推动农业现代化、提升农村生活质量的关键所在。农民的需求呈现出多元化、层次化的特点，可以从以下几个方面进行深入分析。

1. 生产技术与设备需求

随着科技的进步，农民对于高效、智能的农业生产技术和设备的需求日益增长。他们渴望通过引入先进的农机具，如自动化播种机、无人机喷洒农药、智能温控大棚等，来减轻劳动强度，提高生产效率。同时，对农业技术培训的需求也显著增加，他们希望掌握更多科学种植、养殖技术，以及病虫害绿色防控、土壤改良等实用知识，以提升农产品的产量和质量。

2. 市场信息与销售渠道拓展

在信息爆炸的时代，农民对于市场信息的获取尤为迫切。他们希望及时了解国内外农产品市场动态、价格走势及消费者偏好，以便调整种植结构，避免盲目生产导致的市场供需失衡。此外，拓展销售渠道也是农民的一大需求，他们希望从传统的农贸市场、批发市场向电商平台、直播带货等新型销售模式转变，以更直接、高效的方式触达消费者，增加收入。

3. 金融支持与保险保障

农业生产具有周期长、受自然条件影响大等特点，农民普遍面临资金短缺和风险较大的问题。因此，他们迫切需要金融机构提供低息贷款、小额信贷等金融服务，以缓解生产资金压力。同时，农业保险的需求也日益凸显，农民希望通过购买保险来降低自然灾害、病虫害等不可控因素对农业生产造成的损失，增强抵御风险的能力。

4. 生活设施与公共服务改善

除了农业生产方面的需求外，农民还关注自身生活条件的改善。他们希望政府能够加大农村基础设施建设力度，如改善道路交通、供水供电、网络通信等，提高农村生活的便利性。同时，对医疗卫生、教育文化、养老服务等公共服务的需求也日益增长，他们希望享受到与城市居民相当的生活品质。

（二）农民反馈的深度剖析

农民反馈是评估农业政策实施效果、优化农业服务的重要依据。通过深入分析农民反馈，相关部门可以及时发现并解决农业生产中存在的问题，推动农业可持续发展。以下是对农民反馈的几个关键方面的深度剖析。

1. 政策执行效果反馈

农民对农业政策的反馈直接反映了政策的落地情况和实施效果。他们通过反馈，表达对政策的理解程度、执行过程中遇到的问题及建议。例如，对于农业补贴政策的反馈，农民会关注补贴的发放是否及时、标准是否合理、是否真正惠及需要帮助的群体等。

2. 技术服务满意度评价

在农业生产过程中，农民对技术服务的满意度直接影响其后续的技术采纳意愿。他们通过反馈，对技术服务的及时性、有效性、适用性等方面进行评价。对于技术服务的不足，农民会提出改进建议，希望技术服务能够更加贴近生产实际，解决生产中遇到的具体问题。

3. 市场信息获取渠道反馈

在信息获取方面,农民会反馈不同信息渠道的有效性、便捷性和准确性。他们希望政府和市场能够提供更多元化、更精准的信息服务,帮助他们更好地把握市场动态,做出科学的生产决策。

4. 生活设施与公共服务体验

农民对生活设施和公共服务的反馈,反映了农村社会发展的整体水平。他们通过反馈,表达对基础设施建设的满意度、对公共服务质量的评价以及对未来改善的期望。这些反馈有助于政府和社会各界了解农村发展的真实需求,推动农村全面进步。

二、情感分析与意见挖掘

(一) 农民情感倾向的深度探索

在农民需求与反馈的分析中,情感分析扮演着至关重要的角色。它不仅揭示了农民对于特定议题或服务的内心感受,还为政策制定者和服务提供者提供了宝贵的参考。以下是对农民情感倾向的深度探索。

农民的情感倾向往往与其生活状况、生产环境及政策影响紧密相关。在农业生产方面,当农民感受到新技术带来的便利与效益时,他们会表达出积极的情感,如满意、兴奋和期待。这种正面情感不仅激发了他们继续学习和应用新技术的动力,也促进了农业技术的推广与普及;相反,当面临自然灾害、市场波动或政策执行不力等挑战时,农民可能会流露出焦虑、失望甚至愤怒的情绪。这些负面情绪影响了他们的生产积极性,因此,他们需要社会各界给予更多的关注和支持。

此外,农民的情感倾向还受到社会比较、文化认同和价值观念等多种因素的影响。他们可能会将自己的生活状况与过去相比,或与城市居民、其他地区的农民进行横向比较,从而产生不同的情感体验。同时,农民对于传统文化的认同和尊重,以及对未来生活的美好憧憬,也构成了他们情感倾向的重要组成部分。

（二）意见挖掘与需求细化

意见挖掘是情感分析的延伸，它更加聚焦于农民对于具体问题的看法、建议和期望。通过对农民反馈的深入挖掘，我们可以将农民的需求进一步细化，为政策制定和服务优化提供更加精准的依据。

在农业生产领域，农民的意见挖掘可能涉及种子选择、肥料使用、病虫害防治、灌溉排水等多个方面。他们可能会提出对某种农作物品种的偏好、对某种农药效果的质疑、对灌溉设施改进的期待等具体意见。这些意见不仅反映了农民对于农业生产技术的实际需求，也为我们改进农业生产方式、提高农产品质量提供了宝贵的参考。

在农村生活方面，农民的意见挖掘可能关注于基础设施建设、公共服务供给、社会保障制度等方面。他们可能会就道路硬化、饮水安全、医疗卫生、教育文化等问题提出自己的看法和建议。这些意见不仅有助于我们了解农村发展的薄弱环节，也为我们制定更加符合农民需求的发展规划提供了有力支持。

（三）情感与意见的互动影响

农民的情感倾向与意见挖掘之间存在着紧密的互动关系。一方面，农民的情感倾向会影响他们对问题的看法和表达方式。例如，当农民对某项政策持有积极情感时，他们更可能提出建设性的意见；而当他们感到不满或失望时，则可能更倾向于表达批评和抱怨。另一方面，农民的意见挖掘也会反过来影响他们的情感倾向。当他们的意见得到重视和采纳时，他们会感到被尊重和认可，从而增强对政策和服务的满意度和信任感；而当他们的意见被忽视或驳回时，则可能加剧他们的不满和失望情绪。

因此，在进行农民需求与反馈分析时，我们需要充分关注农民的情感倾向和意见挖掘之间的互动影响，通过积极倾听农民的声音、尊重他们的意见、及时解决他们的问题，建立更加和谐、稳定的农村社会关系，推动农业和农村的持续健康发展。

（四）情感分析与意见挖掘的应用实践

情感分析与意见挖掘在农民需求与反馈分析中的应用实践具有重要意义。

首先，情感分析与意见挖掘可以帮助我们更加准确地把握农民的需求和期望，为政策制定和服务优化提供科学依据。通过深入分析农民的情感倾向和意见内容，我们可以发现农民关注的热点问题和痛点问题，从而有针对性地制定解决方案和改进措施。

其次，情感分析与意见挖掘还可以促进政府与农民之间的有效沟通。政府可以通过建立畅通的民意反馈渠道和高效的意见处理机制，及时了解农民的需求和意见，增强政策制定的针对性和实效性。同时，政府还可以通过积极回应农民的关切和诉求，增强农民对政府的信任和支持。

最后，情感分析与意见挖掘还可以推动农业产业的创新和发展。通过深入挖掘农民对于新产品、新技术、新模式的意见和反馈，我们可以发现潜在的市场机会和创新点，为农业产业的转型升级提供有力支持。同时，我们还可以根据农民的需求和偏好，调整农业产业结构和产品结构，提高农产品的市场竞争力和附加值。

三、需求趋势预测与预警

（一）农民需求趋势的宏观把握

在对农民需求与反馈的分析基础上进行需求趋势的预测，是农业政策制定与市场战略调整的重要前提。从宏观层面来看，农民需求趋势受到多种因素的影响，包括人口结构变化、经济发展水平、技术进步、环境变迁以及全球贸易格局等。

首先，随着农村人口结构的老龄化，农民对于农业生产自动化、智能化的需求将日益增长。这要求农业技术和服务提供商不断创新，开发出更加适合老年人使用的农业机械设备和智能管理系统，以减轻他们的劳动强度，提高生产效率。

其次，经济发展水平的提升将促使农民对农产品品质、安全性的要求不断提高。这要求农业生产者注重农产品的标准化、品牌化建设，加强农产品质量监管，确保农产品符合市场需求和消费者期望。

再次，技术进步是推动农业发展的重要动力。未来，农民将更加依赖科技手段来解决农业生产中的难题，如精准农业、智能灌溉、病虫害远程监测等技术的应用将越来越广泛。这要求政府和企业加大农业科技研发投入，推动农业技术成果的转化和应用。

最后，环境变迁和全球贸易格局的变化也将对农民需求趋势产生深远影响。气候变化导致的极端天气事件增多、水资源短缺等问题将促使农民更加关注农业生产的可持续性。同时，国际贸易环境的不确定性也将促使农民关注农产品的国际市场需求和价格变化，以调整种植结构和销售策略。

（二）需求预警机制的建立与完善

为了及时应对农民需求变化可能带来的挑战和风险，相关部门建立有效的需求预警机制至关重要。这一机制应涵盖数据收集、分析预测、风险评估和应急响应等多个环节。

在数据收集方面，相关部门应充分利用现代信息技术手段，如大数据、物联网等，实时收集农民需求、农业生产、市场动态等多方面的数据，为预测分析提供有力支撑。

在分析预测方面，相关部门应运用先进的预测模型和方法，对农民需求趋势进行精准预测。同时，还应关注国内外政策环境、经济形势等外部因素的变化，综合评估其对农民需求可能产生的影响。

在风险评估方面，相关部门应对预测结果进行深入分析，识别潜在的风险点和挑战，并制定相应的风险应对措施。对于可能出现的农产品滞销、价格波动等风险，应提前制定应急预案，确保农业生产者能够及时应对。

在应急响应方面，相关部门应建立健全的应急响应机制，确保在风险发生时能够迅速启动应急预案，采取有效措施减轻损失。同时，还应加强跨部门协作和信息共享，形成合力应对挑战。

（三）需求趋势预测与预警的实践应用

需求趋势预测与预警的实践应用对于农业政策制定、市场战略调整以及农业生产者的决策具有重要意义。在政策制定方面，政府可以根据预测结果调整农业补贴政策、保险政策等，以更好地满足农民需求并保障农业生产者的利益。在市场战略调整方面，企业可以根据预测结果调整产品结构和市场布局，以更好地适应市场需求变化。在农业生产决策方面，农业生产者可以根据预测结果合理安排生产计划、调整种植结构等，以降低生产风险并提高经济效益。

随着科技的不断进步和全球化的深入发展，农民需求将呈现出更加多元化、个性化的特点。同时，气候变化、资源短缺等环境问题也将对农业生产产生深远影响。因此，我们需要不断加强科技创新和人才培养，提高预测模型的准确性和可靠性；同时还需要加强国际合作与交流，共同应对全球性挑战。此外，我们还需要关注农民的情感变化和意见反馈，及时调整预测预警策略，确保农业生产的稳定发展和农民的持续增收。

四、反馈循环与产品改进

（一）构建闭环反馈机制的重要性

在农民需求与反馈分析中，构建闭环反馈机制是确保产品持续改进、满足农民实际需求的关键。这一机制的核心在于将农民的反馈及时、准确地传递给产品开发者和服务提供者，并基于这些反馈进行产品的优化和服务的升级。不断循环的反馈与改进过程，可以确保产品更加贴近农民的实际需求，提高农民满意度和忠诚度。

闭环反馈机制的建立，首先需要明确反馈渠道和收集方式。这包括设立专门的反馈热线、在线平台、意见箱等，以确保农民能够便捷地表达自己的意见和建议。同时，相关部门还需要建立科学的反馈分析体系，对收集到的反馈信息进行分类、整理和分析，提炼出有价值的信息和建议。

（二）反馈信息的深度解析与应用

在获得农民的反馈信息后，对其进行深度解析是产品改进的重要前提。这要求产品开发者和服务提供者具备敏锐的市场洞察力和专业的分析能力，能够准确把握农民的真实需求和潜在期望。通过对反馈信息的深度解析，产品开发者可以发现产品存在的问题和不足，以及农民对于产品的期望和建议。

基于反馈信息的深度解析，产品开发者可以制定针对性的改进措施。这包括优化产品设计、提升产品质量、改进产品功能等方面，同时服务提供者也可以根据反馈信息调整服务策略，提高服务质量和效率，双方通过不断优化产品和服务，可以逐步满足农民的多元化需求，提升市场竞争力。

（三）持续改进与迭代升级的策略

在闭环反馈机制下，持续改进与迭代升级是产品发展的必然趋势。这要求产品开发者和服务提供者保持敏锐的市场嗅觉和持续的创新精神，不断关注农民需求的变化和市场趋势的发展，通过定期的产品评估和用户调研，及时发现产品的不足之处和潜在的市场机会，为产品的持续改进和迭代升级提供有力支持。

在持续改进与迭代升级的过程中，我们需要注重以下几点：一是保持与农民的紧密沟通，及时了解他们的需求和反馈；二是加强内部协作和跨部门合作，形成合力推动产品改进；三是注重技术创新和研发投入，不断提升产品的核心竞争力和附加值；四是关注市场动态和竞争对手的动向，及时调整产品策略和市场布局。

（四）反馈循环对产品竞争力的提升作用

反馈循环不仅有助于产品的持续改进和迭代升级，还对产品竞争力的提升具有重要作用。通过不断收集和分析农民的反馈信息，产品开发者可以更加准确地把握市场需求和消费者心理，从而制定出更加符合市场规律的产品策略。同时，基于反馈信息的优化和改进，可以使产品更加贴近农民的实际需求，提高产品的满意度和忠诚度。

此外，反馈循环还有助于提升产品的品牌形象和口碑。当农民发现他们的意见和建议被认真听取并得到有效解决时，他们会更加信任和认可该品牌和产品。这种信任和认可会进一步转化为口碑传播和推荐行为，从而吸引更多的潜在用户和客户。因此，建立闭环反馈机制并持续优化产品和服务是提升产品竞争力和市场份额的重要途径。

第四节　农业知识图谱构建与应用

一、农业知识图谱构建框架的概述

农业知识图谱的构建框架是农业智能化发展的重要基石，它通过整合农业领域的海量数据，形成结构化的知识网络，为农业决策、生产管理、科研创新等提供强有力的支持。本节将从数据源整合、知识抽取与融合、图谱构建与存储以及应用拓展四个方面，详细阐述农业知识图谱的构框架。

（一）数据源整合

数据源整合是农业知识图谱构建的第一步，也是最为基础且关键的一环。农业领域的数据来源广泛且多样，包括但不限于农业文献、专利、数据库、专家经验、传感器数据、遥感图像等。这些数据不仅格式多样（结构化、半结构化、非结构化），而且存在数据质量参差不齐、更新频率不一等问题。因此，数据源整合需要解决数据的收集、清洗、转换和整合等问题。

我们首先通过爬虫技术、API 接口、数据交换平台等多种途径收集农业领域的相关数据；然后对数据进行清洗和预处理，去除重复、错误、不完整的数据，确保数据的质量和一致性；接下来根据数据的特点和构建知识图谱的需求，对数据进行格式转换和整合，形成统一的数据格式，为后续的知识抽取与融合打下基础。

（二）知识抽取与融合

知识抽取与融合是农业知识图谱构建的核心环节。知识抽取是指从整合后的数据中自动或半自动地识别出实体、关系以及属性等结构化信息，并将其转换为知识图谱中的节点和边。在农业领域，实体可能包括作物、病虫害、农药、农具等，关系则包括作物之间的生长关系、病虫害的发生规律、农药的使用效果等。

知识抽取涉及多种技术，如命名实体识别（NER）、关系抽取（RE）、属性抽取等。这些技术通过自然语言处理（NLP）和机器学习（ML）的方法，从文本数据中提取出关键信息。然而，由于农业领域知识的复杂性和多样性，知识抽取的结果往往存在冗余、矛盾、不完整等问题。因此，知识融合成为必要的步骤，通过对抽取出的知识进行整合、去重、消除矛盾等操作，形成高质量的知识库。

（三）图谱构建与存储

在完成知识抽取与融合后，接下来是图谱的构建与存储。农业知识图谱的构建遵循逻辑架构的规范，通常分为模式层和数据层两个层次。模式层定义了知识图谱的顶层结构和本体模式，是知识图谱的核心和灵魂；数据层则存储了具体的事实数据，是知识图谱的实体内容。

图谱构建需要根据农业领域的特点和需求，设计合理的本体模式和关系模型。本体模式用于规范知识图谱中的实体和关系，确保知识的一致性和可查询性；关系模型则定义了实体之间的关联方式，如属性关系、继承关系、组成关系等。同时，我们还需要考虑图谱的存储方式，选择适合的图数据库作为存储介质，如 Neo4j、FlockDB 等，以确保知识图谱的高效查询和更新。

(四) 应用拓展

农业知识图谱构建的最终目的是应用。在农业领域，知识图谱可以应用于多个方面，如智能决策、精准管理、科研创新等。在智能决策方面，知识图谱可以辅助农业决策者和管理者制定更加科学、合理的政策和管理措施；在精准管理方面，知识图谱可以实现对农田状况、作物生长情况、土壤条件等的实时监测和精准管理；在科研创新方面，知识图谱可以帮助科研人员快速发现新的研究方向和思路，促进农业科技创新。

此外，随着人工智能技术的不断发展，农业知识图谱还可以与其他技术相结合，如物联网、大数据、机器学习等，形成更加智能化的农业生态系统。例如，农业知识图谱结合物联网技术，可以实现农业生产的自动化和智能化；结合大数据技术，可以对农业生产过程中的海量数据进行分析和挖掘，发现潜在的价值和规律；结合机器学习技术，可以不断优化和完善知识图谱的构建和应用过程。

综上所述，农业知识图谱的框架构建是一个复杂而系统的过程，需要从数据源整合、知识抽取与融合、图谱构建与存储以及应用拓展等多个方面进行全面考虑和规划。只有这样，才能构建出高质量、高效能的农业知识图谱，为农业智能化发展提供有力支持。

二、实体识别与关系抽取

实体识别与关系抽取是农业知识图谱构建过程中的两大核心任务，它们直接决定了知识图谱的准确性和完整性。下面将从技术基础、挑战应对、策略优化及应用价值四个方面深入探讨这两个关键环节。

(一) 技术基础

实体识别又称命名实体识别（NER），是指从文本数据中自动识别出具有特定意义的实体，如作物名称、病虫害种类、农药品牌等。在农业领域，这些实体是构建知识图谱的基本单元。关系抽取则是进一步分析这些实体之间的关联，如作物与病虫害之间的受害关系、农药与病虫害之间的防治关系等，从而形成知识图谱中的边。

在技术层面，实体识别与关系抽取依赖于自然语言处理（NLP）和机器学习（ML）的快速发展。NLP技术为文本数据的预处理、特征提取提供了基础工具，而ML算法则通过训练大量数据，不断优化模型性能，提高识别与抽取的准确率。特别是深度学习技术的引入，如卷积神经网络（CNN）、循环神经网络（RNN）及其变体（如LSTM、GRU），以及预训练语言模型（如BERT、GPT等），极大地推动了实体识别与关系抽取技术的进步。

（二）挑战应对

在农业领域，实体识别与关系抽取技术应用面临着诸多挑战。首先，农业知识具有高度的专业性和复杂性，文本描述中常包含专业术语、缩写词等，增加了识别的难度。其次，农业数据往往存在歧义性和多义性，如"小麦"一词在不同语境下可能指代作物本身、种植技术或市场产品等，需要结合上下文信息来准确判断。此外，农业数据还受到地域、气候、文化等多种因素的影响，增加了关系抽取的复杂性。

为了应对这些挑战，我们需要采取多种策略：一方面，加强农业领域知识的积累和整合，构建专业的词库和本体库，为实体识别和关系抽取提供丰富的先验知识；另一方面，优化算法模型，引入注意力机制、多任务学习等技术，提高模型对复杂语境和歧义性数据的处理能力。同时，我们注重数据的标注和质量控制，确保训练数据的准确性和多样性。

（三）策略优化

为了进一步提升实体识别与关系抽取的效率和准确性，我们可以从以下几个方面进行策略优化：首先，采用无监督学习与有监督学习相结合的方法，利用无监督学习自动发现潜在的实体和关系，再通过有监督学习进行精细化的标注和验证。其次，引入迁移学习技术，利用在其他领域已经训练好的模型作为初始模型，在农业领域的数据上进行微调，快速适应农业领域的特性；最后，可以利用集成学习的方法，结合多个模型的优点，通过投票或加权平均等方式提高整体的识别与抽取性能。

（四）应用价值

实体识别与关系抽取在农业知识图谱构建中具有重要的应用价值。首先，它们为知识图谱提供了丰富的基础数据，使得知识图谱能够覆盖更广泛的农业领域知识和信息。其次，它们通过精准地识别实体和抽取关系，可以构建出结构清晰、逻辑严密的知识网络，为农业决策、生产管理、科研创新等提供有力的数据支持。最后，随着技术的不断进步和应用场景的不断拓展，实体识别与关系抽取在农业智能化、精准农业、农业大数据分析等领域将发挥更加重要的作用，推动农业产业的转型升级和可持续发展。

三、图谱查询与推理

在农业知识图谱的构建与应用过程中，图谱查询与推理是不可或缺的关键环节。它们不仅关乎知识图谱的可用性，还直接影响到农业决策的科学性和精准性。下面将从查询效率与准确性、推理机制与策略、应用场景与价值以及挑战与未来展望四个方面进行深入分析。

（一）查询效率与准确性

图谱查询是用户从农业知识图谱中获取所需信息的主要方式。为了提高查询效率与准确性，我们需要优化查询算法和索引机制。首先，我们可以通过构建高效的图数据库系统，如 Neo4j、JanusGraph 等，实现对大规模农业知识图谱的快速存取。这些图数据库系统支持复杂的图查询语言（如 Cypher、Gremlin 等），能够高效处理节点和边的查询请求。其次，我们可以采用索引技术加速查询过程，如基于属性的索引、全文索引等，可以显著提高查询的响应速度。此外，我们还需考虑查询结果的排序和去重问题，确保用户获取到最相关、最准确的信息。

（二）推理机制与策略

图谱推理是利用农业知识图谱中的已有知识推导出新知识或结论的过程，为了实现这一目标，需要构建有效的推理机制与策略。首先，基于规则推理是农业知识图谱推理的重要方法。通过定义一系列规则，描述实体之间的逻辑关系，图谱推理可以实现从已知事实推导出新结论的过程，如根据作物生长周期和气候条件，可以推导出最佳的播种时间和灌溉策略。其次，基于统计和机器学习的推理方法也逐渐受到关注。这些方法通过分析大量数据，发现隐藏的规律和模式，从而进行预测和决策。例如，利用深度学习模型对作物病虫害进行识别和预测，可以辅助农民制定防治措施。

（三）应用场景与价值

图谱查询与推理在农业领域具有广泛的应用场景和重要的价值。首先，在农业决策支持方面，农业知识图谱中的作物种植技术、病虫害防治方法等信息，可以为农民提供科学的种植建议和管理策略。同时，其利用推理机制预测作物产量、市场需求等关键指标，有助于农民制定合理的生产计划和市场策略。其次，在农业科研领域，图谱查询与推理可以帮助科研人员快速获取最新的研究成果和实验数据，促进学术交流和合作。此外，在农业信息服务、农产品追溯等方面，图谱查询与推理也发挥着重要作用，提高了农业信息的透明度和可信度。

（四）挑战与未来展望

尽管图谱查询与推理在农业知识图谱构建与应用中取得了显著进展，但仍面临诸多挑战。首先，农业数据具有多样性、复杂性和动态性等特点，给查询和推理带来了较大难度。为了应对这一挑战，人们需要不断优化查询算法和推理机制，提高处理复杂数据和动态变化的能力。其次，农业知识图谱的构建和维护需要耗费大量的人力、物力和财力资源。为了降低成本和提高效率，人们需要探索更加自动化和智能化的构建与维护方法。未来，随着人工智能、大数据等技术的不断发展，图谱查询与推理在农业领域的应用将更加广泛和深入。更加完善、智能的农业知识图谱系统，将为农业生产的智能化、精准化和可持续发展提供有力支撑。

四、农业知识图谱在农业决策中的应用

农业知识图谱作为农业信息化和智能化的重要组成部分，其在农业决策中的应用日益广泛且深入。通过整合农业领域的海量数据，构建结构化的知识网络，农业知识图谱为农业决策提供了科学、精准的数据支持，显著提升了决策的质量和效率。下面将从决策依据的丰富性、决策过程的智能化、决策效果的精准性以及决策支持的持续性四个方面深入探讨农业知识图谱在农业决策中的应用价值。

（一）决策依据的丰富性

农业知识图谱的构建基于广泛的数据源，包括农业文献、专利、数据库、专家经验、传感器数据、遥感图像等，这些数据覆盖了农业生产的各个环节和方面。通过知识抽取、融合与存储，农业知识图谱将这些离散的数据点连接成网，形成了包含作物生长、病虫害防治、土壤管理、气象预测等多方面的综合知识体系。这为农业决策者提供了丰富多样的决策依据，使得决策过程能够综合考虑多种因素，避免片面和单一化。

（二）决策过程的智能化

农业知识图谱的应用促进了农业决策过程的智能化。一方面，图谱中的实体、关系和属性等结构化信息为决策支持系统提供了强大的数据支撑，使得系统能够自动分析数据、挖掘规律、预测趋势，为决策者提供智能化的建议和方案。另一方面，图谱查询与推理技术的不断发展，使得决策者能够快速获取所需信息，进行快速决策和动态调整。这种智能化的决策过程不仅提高了决策效率，还降低了人为因素的干扰，增强了决策的科学性和准确性。

（三）决策效果的精准性

农业知识图谱在农业决策中的应用还体现在决策效果的精准性上。通过精细化的数据分析和推理，农业知识图谱能够针对不同地区、不同作物、不同生长阶段等具体情况，提供个性化的决策建议。例如，在作物种植方面，图谱可以根据土壤条件、气候条件、作物品种等因素，推荐最适宜的种植技术和管理措施；在病虫害防治方面，图谱可以根据病虫害的发生规律和防治效果，提供精准的防治方案。这种精准化的决策建议有助于农民实现科学种植和高效管理，提高农作物的产量和品质。

（四）决策支持的持续性

农业知识图谱的构建与应用是一个持续不断的过程。随着农业生产的不断发展和外部环境的变化，农业知识图谱需要不断更新和完善。通过实时收集和处理农业领域的新数据和新知识，图谱能够保持其时效性和准确性，为农业决策提供持续的支持。同时，农业知识图谱还可以与其他农业信息系统进行集成和互操作，形成更加全面和强大的农业信息服务平台。这种持续性的决策支持有助于农业决策者及时了解市场动态、把握技术前沿、应对风险挑战，推动农业产业的持续健康发展。

综上所述，农业知识图谱在农业决策中的应用具有决策依据丰富、决策过程智能、决策效果精准以及决策支持持续等显著优势。随着农业信息化和智能化水平的不断提升，农业知识图谱将在农业决策中发挥更加重要的作用，为农业现代化和可持续发展提供有力支撑。

第五节　农业科技文献智能检索

一、文献数据库选择与整合

在农业科技领域，文献数据库的选择与整合是实现智能检索的基石。这一过程不仅关乎信息的全面性与准确性，还直接影响到科研人员获取知识的效率与质量。本节将从数据库的选择原则、整合策略、技术实现以及应用价值四个方面进行深入探讨。

（一）数据库选择原则

在农业科技文献智能检索中，数据库的选择应遵循一系列原则以确保数据的权威性、全面性和时效性。首先，权威性是首要考虑的因素。人们应优先选择由权威机构发布、维护的数据库，如中国农业科学院农业信息研究所自建的中国农业科技文献数据库（NY）、中国林业科技文献库（LYE）等，这些数据库在数据质量、更新频率等方面均有保障。其次，全面性也是不可忽视的。农业科技涉及多个领域和学科，因此人们选择的数据库应尽可能覆盖广泛的文献类型，包括期刊论文、学位论文、专利文献、标准文献等，以满足科研人员多样化的需求。最后，时效性也是关键。农业科技发展迅速，新的研究成果层出不穷，因此所选择的数据库应具备快速更新机制，确保科研人员能够及时获取最新信息。

（二）整合策略

文献数据库的整合是实现智能检索的关键步骤。整合策略的制定应充分考虑数据库的异构性、数据格式的差异以及用户的使用习惯。首先，针对异构性问题，可采用中间件技术或数据转换工具实现不同数据库之间的互操作和数据共享，通过统一的接口或协议，将不同来源的数据整合到一个统一的平台上，便于用户统一检索和管理。其次，针对数据格式的差异，应制定统一的数据标准或模板，对文献信息进行规范化处理。这包括文献标题、作者、摘要、关键词等元数据的提取和标准化表示，以及全文内容的格式转换和存储。最后，在整合过程中应充分考虑用户的使用习惯和需求，提供友好的用户界面和个性化的检索服务。例如，根据用户的检索历史和兴趣偏好推荐相关文献或主题；提供多种检索方式和排序方式供用户选择；支持多语种检索等。

（三）技术实现

文献数据库的选择与整合离不开先进的信息技术支持。在智能检索领域，自然语言处理（NLP）、数据挖掘、机器学习等技术的应用尤为关键。首先，NLP技术可以帮助计算机理解和处理人类语言，提高检索的准确性和效率，通过分词、词性标注、命名实体识别等步骤对文献内容进行预处理，可以提取出关键词、主题词等关键信息用于检索。其次，数据挖掘技术可以从海量文献数据中挖掘出隐藏的规律和模式，为科研人员提供有价值的洞见和启示，通过聚类分析、关联规则挖掘等方法可以发现不同文献之间的关联性和相似性，为文献推荐和引用分析提供依据。最后，机器学习技术可以不断优化检索模型和算法，提高检索的智能化水平，通过训练模型学习用户的检索行为和反馈信息，可以不断优化检索结果的质量和排序方式，提高用户的满意度和忠诚度。

（四）应用价值

文献数据库的选择与整合在农业科技领域具有广泛的应用价值。首先，它为科研人员提供了全面、准确、及时的文献资源支持，有助于推动农业科技的创新和发展。通过智能检索系统，科研人员可以快速定位到相关领域的最新研究成果和技术动态，为科研选题、实验设计和论文撰写提供有力支持。其次，它促进了农业科技信息的共享和交流。通过整合不同来源的文献数据库，打破了信息孤岛现象，实现了数据资源的互通有无和共享利用。这有助于增强科研人员的合作与交流能力，推动农业科技领域的协同发展。最后，它提升了农业科研的效率和水平。智能检索系统能够自动化地完成大量烦琐的检索工作，减轻了科研人员的负担；同时，通过提供个性化的检索服务和智能化的推荐功能，提高了科研人员获取知识的效率和准确性。

二、查询需求分析

在农业科技文献智能检索系统中，查询需求的分析是连接用户意图与系统响应的桥梁，是确保检索结果准确性与相关性的核心环节。这一过程不仅要求深入理解用户的查询需求，还需精准地将其转化为系统可执行的检索指令。以下从四个方面详细阐述这一核心环节。

（一）用户意图的深入理解

用户意图的深入理解是查询需求分析的起点。在农业科技领域，用户的查询需求可能涉及作物育种、病虫害防控、农业机械化、土壤改良等多个方面，且往往带有一定的专业性和复杂性。因此，系统需要能够识别并解析用户的查询意图，包括查询的主题、范围、深度等要素。这要求系统具备自然语言处理能力，能够准确理解用户输入的查询语句中的关键词、短语乃至整个句子的含义，从而把握用户的真实需求。

（二）查询需求的精准提炼

在理解用户意图的基础上，系统需要进一步精准提炼查询需求。这包括将用户输入的查询语句转化为结构化的查询表达式，明确指定检索的数据库、字段、逻辑关系等参数。同时，系统还需根据农业科技文献的特点和用户的查询习惯，对查询需求进行合理的扩展和修正。例如，对于某些专业术语或缩写词，系统应能自动识别并扩展为完整的术语或短语；对于查询范围过于宽泛或模糊的查询需求，系统应能给出建议或引导用户进行更精确的查询。

（三）查询策略的优化制定

查询策略的制定直接关系到检索结果的质量和效率。在农业科技文献智能检索中，系统应根据用户的查询需求和数据库的实际情况，灵活选择并优化查询策略。这包括选择合适的检索算法、调整检索参数、优化检索顺序等。例如，对于复杂的查询需求，系统可以采用多轮查询的方式，先通过关键词检索获取初步结果集，再根据相关度、时效性等指标进行排序和筛选；对于特定领域的查询需求，系统可以利用领域知识库进行语义推理和扩展查询，以提高检索结果的准确性和全面性。

（四）用户反馈的即时响应与调整

用户反馈是检验查询需求分析与解析效果的重要依据。在农业科技文献智能检索过程中，系统应能够及时响应用户的反馈意见，对查询结果进行动态调整和优化。这包括根据用户的满意度评价对查询策略进行微调、根据用户的查询历史推荐相关文献或主题等。同时，系统还应具备自我学习和优化的能力，通过不断积累和分析用户的查询行为和反馈数据，逐步改进和完善查询需求分析的算法和模型。

综上所述，查询需求分析是农业科技文献智能检索的核心环节，通过深入理解用户意图、精准提炼查询需求、优化制定查询策略以及即时响应用户反馈，可以确保检索结果的准确性、相关性和时效性，为科研人员提供高效、便捷的文献检索服务。

三、智能检索算法设计

在农业科技文献智能检索系统中，智能检索算法的设计是实现高效、精准检索的关键。这一环节融合了自然语言处理、机器学习、数据挖掘等多领域技术，旨在通过算法的创新与优化，提升检索系统的智能化水平和用户体验。以下从四个方面深入探讨智能检索算法的设计。

（一）基于语义理解的查询解析算法

传统的关键词检索方法往往难以捕捉用户查询背后的深层语义信息，导致检索结果与用户实际需求存在偏差。因此，基于语义理解的查询解析算法成为智能检索算法设计的重要方向。该算法通过自然语言处理技术，对用户输入的查询语句进行深度解析，识别并理解其中的语义角色、上下文关系等复杂信息。在此基础上，算法能够生成更加准确、全面的查询表达式，从而提高检索结果的相关性和准确性。为了实现这一目标，算法需要构建丰富的语义知识库，包括领域词典、同义词库、上下文关系模型等，以支持对查询语句的深入理解和分析。

（二）融合多源信息的检索排序算法

在农业科技文献检索中，检索结果的排序直接影响用户的检索体验和满意度。为了提高排序的准确性和合理性，智能检索算法需要融合多源信息，包括文献的内容相似性、作者权威性、引用频次、发表时间等多种因素。基于这些信息，算法可以构建多维度的评估模型，对检索结果进行综合评价和排序。例如，算法可以根据文献内容与查询语句的相似度，以及文献在领域内的影响力（如引用频次、作者权威性）等因素，对检索结果进行加权排序。此外，算法还可以考虑用户的个性化需求，如偏好设置、历史查询记录等，以实现更加个性化的检索结果排序。

（三）自适应学习与优化的检索策略

智能检索算法应具备自适应学习与优化的能力，以应对不断变化的查询需求和数据库环境。在检索过程中，算法可以实时收集并分析用户的反馈数据（如点击率、停留时间、满意度评价等），以评估检索结果的准确性和相关性。基于这些数据，算法可以自动调整和优化检索策略，如调整查询表达式的构造方式、调整检索参数的取值范围等，以提高检索效果。此外，算法还可以通过机器学习技术，从大量历史查询数据中学习用户的查询行为和偏好模式，进而预测用户的潜在需求，并提前进行检索结果的优化和推荐。

（四）面向复杂查询需求的智能推理算法

在农业科技领域，用户的查询需求往往具有复杂性和多样性。为了应对这些挑战，智能检索算法需要设计面向复杂查询需求的智能推理算法。该算法能够识别并解析用户输入的复杂查询语句，包括多条件组合查询、模糊查询、语义推理查询等类型。在解析过程中，算法可以运用领域知识库和推理规则库等资源，对查询语句进行逻辑分析和推理判断，从而生成更加精准、全面的检索表达式。同时，算法还可以根据用户的查询历史和反馈数据，智能地推荐相关查询或主题，帮助用户更好地表达自己的查询需求。通过这些智能推理技术的应用，智能检索系统能够为用户提供更加灵活、高效的检索服务。

四、检索结果排序与展示

（一）检索结果排序的重要性与策略

在农业科技文献智能检索系统中，检索结果的排序是连接用户查询意图与海量文献资源之间的关键桥梁，其重要性不言而喻，因为它直接影响到用户获取信息的效率与满意度。一个高效的排序策略能够迅速将最相关、最有价值的文献置于前列，减少用户筛选时间，提升用户体验。

排序策略的制定需综合考虑多种因素，包括但不限于文献与查询关键词的匹配度、文献的发表时间、引用次数、作者权威性、文献类型（如研究论文、综述、技术报告等）以及用户个性化偏好等。其中，匹配度是基础，通过自然语言处理技术和信息检索算法，如 TF-IDF、BM25 等，计算文献内容与查询关键词之间的相似度。而发表时间、引用次数等指标则反映了文献的新颖性和影响力，对于科研工作者而言尤为重要。此外，根据用户的浏览历史、收藏记录等个人信息，智能推荐系统还能实现个性化排序，进一步提升用户体验。

（二）展示界面的优化设计

检索结果的展示界面是用户与检索系统交互的直接窗口，其设计的好坏直接关系到用户的使用感受。优化展示界面，旨在以直观、清晰、易用的方式呈现检索结果，帮助用户快速定位所需信息。

首先，界面布局应简洁明了，避免过多冗余元素干扰用户视线。检索结果列表应清晰呈现文献标题、作者、来源、摘要等关键信息，并允许用户根据需要进一步查看全文、引用、下载等操作。同时，其应提供筛选器功能，如按时间、作者、关键词等条件筛选结果，以满足用户的多样化需求。

其次，视觉设计也是不可忽视的一环。合适的色彩搭配、字体大小和排版方式，可以增强界面的可读性和吸引力。例如，界面使用高亮显示匹配关键词，帮助用户快速识别文献与查询的相关性；通过不同颜色或图标区分文献类型，使用户一目了然。

（三）交互体验的提升

提升交互体验是农业科技文献智能检索系统持续优化的重要方向。良好的交互体验能够激发用户的使用兴趣，提高系统的使用频率和满意度。

一方面，系统应提供灵活的查询方式，如支持自然语言查询、模糊查询、组合查询等，降低用户输入门槛，提高查询效率，同时提供查询建议功能，根据用户输入实时推荐可能的查询关键词或短语，引导用户完成查询。

另一方面，系统应注重用户反馈的收集与分析，通过用户调查、日志分析等手段，了解用户在使用过程中的痛点与需求，及时调整系统功能和界面设计。此外，系统应建立用户帮助中心和在线客服，及时解答用户疑问，解决用户在使用过程中遇到的问题。

（四）智能化与个性化服务的探索

随着人工智能技术的不断发展，农业科技文献智能检索系统正逐步向更加智能化、个性化的方向迈进。智能化服务能够基于大数据分析和机器学习算法，自动预测用户需求，提供定制化的信息推送和决策支持。

在智能化服务方面，系统可以分析用户的查询历史、阅读偏好、研究方向等信息，构建用户画像，并据此推荐相关文献、专家、研究机构等资源，同时利用自然语言处理技术，实现文献内容的深度理解和挖掘，为用户提供摘要生成、观点提取、趋势分析等增值服务。

个性化服务则更加注重用户的个体差异和特定需求。系统应通过提供个性化查询界面、定制化结果排序、个性化推荐等功能，满足不同用户的个性化需求，如为初入领域的学者提供基础文献和教程推荐，为资深专家提供前沿研究成果和深度分析报告，等等。

综上所述，农业科技文献智能检索系统的检索结果排序与展示是一个综合性的工程，需要从排序策略、展示界面、交互体验以及智能化与个性化服务等多个方面入手，不断优化和完善，以提供更加高效、便捷、个性化的信息服务。

第四章 预测模型在农业生产中的应用

第一节 作物产量预测与调优

一、历史产量数据分析

（一）数据收集与整合

作物产量的历史数据分析是农业生产管理中的关键环节，它依赖于全面、准确的数据收集与整合。这一过程不仅涉及传统的统计资料，如年度作物产量报告、农业普查数据等，还涵盖了现代科技手段所获取的海量数据。首先，遥感卫星技术可以定期监测全球范围内的农田状况，包括作物生长周期、种植面积、生长状况等，这些数据为产量预测提供了宏观视角。其次，物联网技术的应用使得农田中的传感器能够实时收集土壤湿度、温度、光照强度等环境参数，以及作物生长过程中的生理指标，如叶片面积、果实数量等，为作物生长模型的构建提供了精细化的数据支持。

在数据整合方面，人们需要将来自不同渠道、不同格式的数据进行统一处理，以确保数据的一致性和可比性。这包括数据清洗，即去除重复、错误或异常的数据；数据转换，即将不同标准的数据转换为统一格式；以及数据融合，即将多种数据源的信息进行有机结合，形成全面反映作物生长和产量状况的数据集。这一系列的数据处理过程，可以构建出作物生长周期内的完整数据链条,为后续的分析和预测提供坚实的基础。

(二) 趋势分析与模型建立

在数据收集与整合的基础上,我们需要对作物产量的历史数据进行深入分析,以揭示其内在规律和变化趋势。趋势分析是这一过程中的重要手段,它通过对历史产量数据的统计分析,识别出产量变化的总体趋势和周期性波动。常见的趋势分析方法包括线性回归、时间序列分析等,这些方法可以帮助我们理解作物产量随时间变化的规律,并预测未来的产量水平。

同时,为了更准确地预测作物产量,我们还需要建立产量预测模型。这些模型通常基于作物生长过程中的生物学原理和环境因素,将历史产量数据与各种环境参数、生理指标等相结合,我们可以通过数学和统计学方法构建出预测模型。常见的产量预测模型包括统计回归模型、机器学习模型等。统计回归模型通过建立变量之间的数学关系来预测未来产量,而机器学习模型则能够自动从数据中学习特征和模式,具有更强的预测能力和适应性。

(三) 产量调优策略制定

基于历史产量数据的分析和预测结果,我们可以制定相应的产量调优策略。这些策略旨在通过改善农业生产条件、优化作物种植结构、提高农业生产效率等方式,实现作物产量的稳定增长。

首先,针对影响作物产量的关键因素,如土壤质量、灌溉条件、气候条件等,我们可以制定相应的改善措施。例如,通过土壤改良、合理灌溉和排水、选择适宜的作物品种等方式,提高土壤的肥力和作物的适应能力。

其次,优化作物种植结构也是提高产量的重要途径。通过种植适应性强、产量高、品质优的作物品种,以及采用轮作、间作等种植模式,我们可以减少病虫害的发生,提高土地利用率和作物产量。此外,我们还可以根据市场需求和价格变化,调整作物种植结构,实现经济效益的最大化。

最后，提高农业生产效率也是产量调优的关键。通过推广现代农业科技、加强农业技术培训、提高农民的科学素质和管理水平等方式，我们可以提高农业生产效率和质量。同时，加强农业信息化建设，利用大数据、云计算等现代信息技术手段，可以实现农业生产过程的智能化、精准化管理，进一步提高作物产量和品质。

（四）风险管理与应对措施

作物产量预测与调优过程中不可避免地会面临各种风险，如自然灾害、病虫害、市场波动等。因此，制定有效的风险管理与应对措施至关重要。首先，我们需要建立健全的风险监测和预警机制，及时掌握农业生产过程中的各种风险信息，为制定应对措施提供科学依据。其次，我们需要加强农业保险制度建设，为农民提供风险保障和补偿机制，减轻因自然灾害等原因导致的损失。此外，我们还需要加强农业科技创新和研发力度，提高作物抗灾能力和适应性，降低风险发生的可能性。

在应对市场波动方面，我们可以通过加强市场调研和预测、优化农产品流通渠道、拓展国内外市场等方式，降低市场风险对农业生产的影响。同时，我们还可以通过建立农产品价格保护机制、实行农产品收储制度等政策措施，保障农民的收入和利益。总之，有效的风险管理与应对措施，可以保障作物产量预测与调优工作的顺利进行，促进农业生产的稳定和发展。

二、影响因素识别与量化

（一）气候因素的识别与量化

气候是影响作物产量的关键因素之一，其复杂性在于多变的天气模式和长期的气候趋势。在作物产量预测与调优的过程中，我们首先需要对气候因素进行全面而深入的识别。这包括温度、湿度、降水、光照强度、风速以及极端天气事件（如干旱、洪涝、霜冻等）的监测与分析。对历史气象数据的统计分析，可以揭示出作物生长周期内气候因素的变化规律及其对产量的影响机制。

量化气候因素对作物产量的影响是预测与调优工作的重要一步。这通常涉及建立气候因素与作物产量之间的数学关系模型，如线性回归模型、非线性回归模型或机器学习模型等。这些模型能够基于历史数据，预测不同气候条件下作物的潜在产量，并评估各气候因素对产量的贡献度。量化分析可以明确哪些气候因素是限制作物产量的主要因素，为后续的调优措施提供科学依据。

（二）土壤因素的识别与量化

土壤是作物生长的基础，其质量直接影响作物的生长状况和产量水平。在识别土壤因素时，需要考虑土壤类型、质地、结构、肥力、酸碱度、盐分含量以及土壤微生物群落等多个方面。这些因素共同决定了土壤的肥力和适宜性，对作物根系的发育、养分的吸收和利用具有重要影响。

土壤因素量化对作物产量的影响同样重要。这通常需要通过土壤采样和实验室分析来获取土壤性质数据，并结合作物生长模型和产量预测模型进行分析。例如，其可以建立土壤肥力与作物产量之间的回归关系，评估不同施肥量对作物产量的影响；或者通过土壤微生物群落分析，探讨微生物活动对作物生长和产量的促进作用。量化分析的结果有助于明确土壤因素在作物产量形成中的具体作用，为土壤改良和施肥管理提供指导。

（三）作物品种与管理措施的识别与量化

作物品种和管理措施也是影响作物产量的重要因素。不同作物品种具有不同的遗传特性和适应性，对气候、土壤等环境因素的响应也不同。因此，在识别作物品种因素时，人们需要考虑品种的遗传背景、生长习性、抗逆性、产量潜力等方面。同时，管理措施如播种时间、种植密度、灌溉制度、病虫害防治等也会对作物生长和产量产生显著影响。

量化作物品种与管理措施对产量的影响需要综合运用多种方法。例如，人们可以通过田间试验和对比分析，评估不同品种在同一环境条件下的产量表现；或者通过模拟试验和统计分析，预测不同管理措施对作物生长的潜在影响。量化分析的结果有助于明确作物品种和管理措施在产量形成中的贡献度，为品种选择和管理优化提供科学依据。

（四）社会经济因素的识别与量化

除了自然因素外，社会经济因素也对作物产量预测与调优产生重要影响。这些因素包括政策环境、市场需求、农业生产成本、农业技术水平等。政策环境可以影响农民的生产积极性和投入水平；市场需求则决定了农产品的价格和销售前景；农业生产成本则直接关系到农民的收益和利润空间；农业技术水平则决定了农业生产效率和产量潜力。

社会经济因素的识别与量化，需要采用宏观经济学和农业经济学的理论与方法，例如，可以通过政策分析和市场调研来评估政策环境和市场需求对作物产量的影响，或者通过成本收益分析和技术效率评估来量化农业生产成本和技术水平对产量的贡献。量化分析的结果有助于明确社会经济因素在作物产量预测与调优中的作用机制，为政策制定和市场调控提供科学依据，同时，也有助于农民和农业生产者更好地把握市场机遇和挑战，优化生产决策和资源配置。

三、预测模型构建与优化

（一）模型选择与构建基础

在作物产量预测与调优的过程中，预测模型的构建是核心环节之一。首先，选择合适的模型类型至关重要。常见的预测模型包括统计回归模型、时间序列分析模型、机器学习模型以及深度学习模型等。每种模型都有其独特的优势和适用范围，需要根据具体问题的特点和数据的可获得性进行选择。例如，统计回归模型适用于探索自变量与因变量之间的线性或非线性关系；时间序列分析模型则擅长处理具有时间依赖性的数据，预测未来趋势；而机器学习模型和深度学习模型则能够自动从数据中学习复杂的模式和特征，具有更强的预测能力和泛化能力。

在模型构建的基础上，我们还需要明确模型的目标函数和约束条件。目标函数通常是最大化预测精度或最小化预测误差，而约束条件则可能包括数据的完整性、模型的复杂度以及计算资源的限制等。通过综合考虑这些因素，我们可以设计出既符合实际需求又具有可行性的预测模型。

（二）数据预处理与特征工程

数据预处理与特征工程是预测模型构建过程中不可或缺的一环。数据预处理包括数据清洗、数据转换和数据标准化等步骤，旨在提高数据的质量和一致性，减少噪声和异常值对模型预测性能的影响。特征工程则是从原始数据中提取出对预测目标有用的特征信息，并通过特征选择、特征变换等方法优化特征集，提高模型的预测能力。

在作物产量预测中，数据预处理可能包括去除缺失值、异常值处理、数据平滑以及标准化或归一化等步骤。特征工程则可能涉及从气候数据、土壤数据、作物生长数据等多个维度提取出影响作物产量的关键因素，如温度、降水量、土壤肥力、作物生长周期等，并通过主成分分析、特征选择算法等方法筛选出对预测结果影响最大的特征子集。

（三）模型训练与验证

模型训练是预测模型构建过程中的关键步骤之一。这一阶段需要使用训练数据集对模型进行训练，以调整模型的参数和结构，使其能够准确地拟合数据中的规律和模式。训练过程中需要注意避免过拟合和欠拟合现象的发生，前者会导致模型在训练集上表现良好但在测试集上性能下降，后者则会导致模型无法充分学习数据中的信息。

为了评估模型的预测性能，我们需要进行模型验证。这通常涉及使用测试数据集对训练好的模型进行测试，计算并比较不同模型的准确率、召回率、F1 分数等指标。此外，我们还可以采用交叉验证等方法来进一步评估模型的稳定性和泛化能力。通过模型验证的结果，我们可以选择出表现最优的模型作为最终的预测模型。

（四）模型优化与更新

模型优化是提升预测模型性能的重要途径之一。在模型训练完成后，我们可以通过调整模型参数、优化算法选择、引入正则化项等方法来进一步提高模型的准确率和泛化能力。此外，我们还可以采用集成学习方法将多个预测模型进行组合，以充分利用不同模型的优点，提高整体预测性能。

随着新数据的不断产生和环境的不断变化，预测模型也需要不断更新以适应新的情况。这包括定期使用新数据对模型进行重新训练、更新模型的参数和结构以及引入新的特征变量等。通过持续更新和优化预测模型，我们可以保持其预测性能的稳定性和准确性，为作物产量预测与调优提供更加可靠的支持。

四、产量调优策略制定与实施

（一）策略制定的科学依据

产量调优策略的制定必须建立在科学预测和深入分析的基础上。通过前面提到的预测模型，我们已经能够较为准确地预测出作物在不同条件下的产量潜力。这些预测结果不仅揭示了作物生长与环境因素之间的复杂关系，还为我们指明了提升产量的潜在方向。因此，在制定产量调优策略时，我们首先要对预测结果进行详细解读，明确哪些因素是制约产量的主要因素，哪些因素具有较大的提升空间。同时，我们还需要结合农业生产的实际情况，考虑技术可行性、经济成本以及环境可持续性等多方面因素。通过综合评估，制定出既符合科学规律又切实可行的产量调优策略。

（二）技术措施的精准实施

产量调优策略的实施离不开精准的技术措施。根据策略制定的结果，我们可以有针对性地采取一系列技术措施来提升作物产量。这些措施主要包括改良土壤结构、优化灌溉制度、合理施肥、病虫害防治等。在实施过程中，我们需要注重技术的精准性和针对性，确保各项措施能够精准地作用于制约产量的关键因素上。

例如，在改良土壤结构方面，我们可以通过深耕松土、增施有机肥等方式改善土壤通气性和保水保肥能力；在优化灌溉制度方面，可以根据作物生长需求和当地气候条件制订科学的灌溉计划，避免水资源浪费和作物水分胁迫；在合理施肥方面，可以根据土壤养分状况和作物需求制定个性化的施肥方案，提高肥料利用率和作物产量。

（三）管理模式的创新与优化

除了技术措施外，管理模式的创新与优化也是产量调优的重要手段之一。传统的农业管理模式往往存在效率低下、资源浪费等问题，难以适应现代农业发展的需求。因此，我们需要积极探索和推广先进的农业管理模式，如精准农业、智慧农业等。

精准农业通过应用现代信息技术和智能装备，实现农业生产过程的精准化管理和决策。它可以根据作物生长需求和环境条件实时调整管理措施，提高资源利用效率和作物产量。智慧农业则进一步融合了物联网、大数据、人工智能等先进技术，构建起一个集感知、分析、决策、控制于一体的智能化农业生态系统。通过智慧农业系统，我们可以更加全面地掌握农业生产信息，实现农业生产全过程的智能化管理和优化。

（四）持续监测与动态调整

产量调优策略的实施并非一蹴而就的过程，而是需要持续监测和动态调整的过程。在实施过程中，我们需要定期监测作物生长状况、环境条件以及产量表现等关键指标，及时发现并解决问题，同时还需要根据监测结果对调优策略进行动态调整和优化，以确保策略的有效性和适应性。

例如，在灌溉制度优化方面，我们可以根据监测到的土壤水分状况和作物需水规律动态调整灌溉计划；在病虫害防治方面，我们可以根据病虫害发生情况和作物生长阶段及时调整防治策略和措施。通过持续监测和动态调整，我们可以确保调优策略始终与作物生长需求和环境条件保持高度一致，从而实现作物产量的持续提升和优化。

第二节　气候灾害预警系统

一、气候数据监测与收集

（一）系统构建与组成

气候数据监测与收集系统是气候灾害预警系统的基石，其构建与组成直接决定了预警的准确性和时效性。该系统是一个高度集成的综合性平台，主要由数据采集层、数据传输层、数据处理与分析层以及预警信息发布层四个核心部分组成。

1. 数据采集层

作为系统的前端，数据采集层通过部署在全球各地的气象观测站、卫星遥感系统、雷达探测设备等，实时采集包括温度、湿度、气压、风速、风向、降水量等在内的大量气象数据。这些观测设备不仅覆盖了陆地，还延伸至海洋和大气层，确保了数据的全面性和多样性。

2. 数据传输层

收集到的气象数据需要通过高效、稳定的数据传输网络进行实时传输。这一层主要依赖于无线通信、卫星通信等先进技术，确保数据能够迅速、准确地传输至中央处理中心。同时，其采用数据加密和校验机制，保障数据传输过程中的安全性和完整性。

3. 数据处理与分析层

接收到原始数据后，数据处理与分析层利用先进的数据处理技术和算法，对数据进行清洗、整合和分析。通过运用气象模型、人工智能算法等，系统能够识别出气象要素的变化趋势，预测出未来一段时间内的天气状况，并评估可能发生的灾害风险。

4. 预警信息发布层

基于数据处理与分析的结果，预警信息发布层负责将预警信息及时、准确地传达给社会公众和相关部门。通过电视、广播、互联网、手机短信等多种渠道，系统能够确保预警信息的广泛覆盖和快速传播，为公众和决策者提供有力的支持。

（二）技术支撑与创新

气候数据监测与收集系统的有效运行离不开先进技术的支撑。随着科技的不断发展，该系统在技术创新方面取得了显著进展。

1. 卫星遥感技术

卫星遥感技术是现代气象观测的重要手段之一。安装在卫星上的各种传感器和仪器，可以实现对全球气象和海洋信息的实时监测。这一技术不仅提高了数据的采集效率，还扩大了监测范围，使得系统能够更全面地掌握全球气候状况。

2. 人工智能与大数据技术

人工智能和大数据技术的引入，为气候数据监测与收集系统带来了革命性的变化。通过运用这些技术，系统能够实现对海量气象数据的自动化处理和分析，提高预报的准确性和及时性。同时，这些技术还能够帮助系统发现隐藏在数据背后的规律和趋势，为预警决策提供更加科学的依据。

3. 智能嵌入式技术

智能嵌入式技术将计算机技术和传感器技术紧密结合在一起，实现了自动化气象观测。这一技术的应用不仅降低了数据采集和处理的成本，还提高了系统的稳定性和可靠性。通过智能嵌入式设备，系统能够实时、连续地监测气象要素的变化情况，为预警工作提供有力的支持。

（三）数据质量与管理

数据质量是气候数据监测与收集系统的生命线。为了确保数据的准确性和可靠性，系统必须建立严格的数据质量管理和控制机制。

1. 数据质量控制

在数据采集、传输和处理过程中，系统需要实施严格的质量控制措施。这包括对数据进行校验、去重、异常值处理等，以确保数据的准确性和一致性。同时，系统还需要对观测设备进行定期维护和校准，以保证其测量精度和稳定性。

2. 数据安全管理

气候数据涉及国家安全和社会稳定等敏感领域，因此必须采取严格的安全管理措施。系统需要建立完善的数据安全管理体系，包括数据加密、访问控制、备份恢复等机制，以确保数据在传输、存储和处理过程中的安全性和保密性。

3. 数据共享与应用

为了充分发挥气候数据的价值，系统需要积极推动数据的共享和应用。通过建立数据共享平台和发布机制，系统可以将经过处理和分析的数据提供给政府、科研机构、企业等用户群体使用。同时，系统还可以根据用户需求提供定制化的数据服务，满足不同领域的需求。

（四）应用与影响

气候数据监测与收集系统不仅为气候灾害预警提供了有力支持，还在多个领域发挥着重要作用。

1. 防灾减灾

通过实时监测和预警气象灾害的发生和发展趋势，系统能够帮助政府和公众提前做好防范措施，减少灾害对生命和财产的损失。在台风、暴雨、干旱等自然灾害来临前，系统能够发出预警信息，为公众提供充足的疏散和避险时间。

2. 农业生产

准确的气象信息对于农业生产至关重要。系统可以为农民提供精准的天气预报和气候预测信息,帮助他们合理安排播种、灌溉、收割等农事活动。这不仅可以提高农作物的产量和质量,还可以降低因气候变化带来的农业风险。

3. 环境保护

通过监测和分析气候变化趋势和环境质量状况,系统可以为环境保护提供科学依据。例如,系统可以监测大气污染状况和空气质量变化等环境指标,为政府制定环保政策提供有力支持。同时,系统还可以帮助人们了解和预测全球变暖、海平面上升等环境问题的发展趋势,为应对气候变化提供有力支持。

综上所述,气候数据监测与收集系统是气候灾害预警系统的核心组成部分。通过构建完善的系统架构、引入先进的技术手段、加强数据质量管理和推动数据共享与应用等措施,该系统能够对防灾发挥重要作用。

二、灾害风险评估模型

在气候灾害预警系统中,灾害风险评估模型是预测、量化并评估潜在灾害影响的关键环节。它基于气候数据监测与收集的结果,运用科学的方法和模型,对灾害的发生概率、强度以及可能造成的损失进行预估,为防灾减灾提供决策依据。以下从四个方面对灾害风险评估模型进行深入分析。

(一)模型构建原理

灾害风险评估模型的构建基于一系列科学原理和理论框架。首先,它依赖于气象学、地质学、水文学等多学科知识的综合应用,通过对历史灾害数据、气候趋势、地理环境等因素的深入分析,揭示灾害发生的内在规律和外在表现。其次,模型采用概率统计和数值模拟等方法,对灾害发生的可能性进行量化评估。通过构建概率分布函数,模型能够描述灾害事件发生的频率和强度,进而预测未来灾害的发生概率。最后,模型还考虑了社会经济因素和人类活动对灾害风险的影响，通过引入人口密度、经济发展水平、防灾设施状况等参数，综合评估灾害可能造成的社会经济损失。

（二）关键评估要素

灾害风险评估模型的关键评估要素包括致灾因子、承灾体、孕灾环境和减灾能力四个方面。致灾因子是指引发灾害的自然或人为因素，如台风、暴雨、地震等。承灾体是指可能受到灾害影响的各类对象，包括人类社会、自然生态系统等。孕灾环境是指孕育灾害的自然和社会经济条件，如地形地貌、气候特点、社会经济结构等。减灾能力则是指人类社会对灾害的预防和应对能力，包括预警系统、应急响应机制、灾后恢复能力等。在评估过程中，模型需要全面考虑这些要素之间的相互作用和相互影响，以得出准确的评估结果。

（三）模型应用与优化

灾害风险评估模型在气候灾害预警系统中具有广泛的应用价值。首先，它能够为政府决策提供科学依据，帮助政府制定科学合理的防灾减灾规划和应急预案。其次，模型能够为社会公众提供灾害风险信息，提高公众的防灾意识和自我保护能力。此外，模型还可以为保险行业提供风险评估服务，帮助保险公司制定合理的保险费率和赔偿标准。

为了不断提高模型的准确性和可靠性，需要对其进行持续的优化和改进。一方面，可以加强数据采集和监测工作，提高数据的全面性和准确性；另一方面，可以引入更先进的算法和技术手段，提高模型的计算效率和预测精度。同时，还需要加强跨学科合作和交流，推动灾害风险评估理论的创新和发展。

尽管灾害风险评估模型在气候灾害预警系统中发挥着重要作用，但其发展仍面临诸多挑战。首先，气候系统的复杂性和不确定性给模型的预测带来了很大困难。其次，不同区域、不同类型的灾害具有各自独特的特点和规律，需要建立针对性的评估模型。此外，社会经济条件的变化和人类活动的干扰也增加了灾害风险评估的难度。面对这些挑战,我们需要采取积极措施推动灾害风险评估模型的发展。一方面,加强科学研究和技术创新,提高模型的预测精度和适用性;另一方面,加强国际合作和交流,共同应对全球气候变化和灾害风险挑战。未来,随着科技的不断进步和人们防灾减灾意识的不断提高,灾害风险评估模型将在气候灾害预警系统中发挥更加重要的作用,为人类的可持续发展提供更加坚实的保障。

三、预警信息发布机制

在气候灾害预警系统中,预警信息的及时、准确发布是确保防灾减灾工作有效开展的关键环节。一个高效、全面的预警信息发布机制,能够迅速将灾害风险信息传递给政府、公众及相关部门,为防灾减灾决策提供有力支持。以下从四个方面对预警信息发布机制进行深入分析。

(一)信息发布流程与规范

预警信息的发布流程应遵循科学、规范的原则,确保信息的准确性和时效性。首先,当监测系统识别到潜在的灾害风险时,会立即触发预警评估程序,利用灾害风险评估模型对灾害的发生概率、强度及可能的影响范围进行评估。一旦评估结果显示存在较高的灾害风险,系统将自动生成预警信息,并启动发布流程。

预警信息发布应明确各级预警信息的发布权限和职责分工,确保信息的权威性和准确性,同时应建立严格的审核机制,对预警信息的内容、格式、语言等进行全面审查,避免出现错误或误导性信息。此外,我们还需制定统一的发布标准和规范,确保预警信息在不同渠道和平台上的一致性和可读性。

(二)多渠道发布策略

为了确保预警信息的广泛覆盖和快速传播,信息发布应采用多渠道发布策略。这包括传统媒体如电视、广播、报纸等,以及新媒体如互联网、社交媒体、手机短信等。传统媒体具有覆盖范围广、受众稳定的特点,能够在短时间内将预警信息传递给大量公众；而新媒体则具有传播速度快、互动性强的优势，能够迅速扩大预警信息的传播范围并增强公众的参与感。

多渠道发布应注重各渠道之间的协同配合和优势互补，形成合力。例如，我们可以通过电视直播和社交媒体直播相结合的方式，实时展示灾害现场情况并发布最新预警信息；还可以利用手机短信和 APP 推送功能，向特定区域或人群定向发送预警信息，提高信息的针对性和有效性。

（三）公众教育与反馈机制

预警信息的发布不仅仅是一个单向传播的过程，还需要与公众进行有效的互动和反馈。因此，在预警信息发布机制中，应建立公众教育与反馈机制，提高公众的防灾减灾意识和能力。

在公众教育方面，我们可以通过开展宣传教育活动、制作宣传材料等方式，向公众普及气候灾害知识、预警信号含义及应对措施等内容。同时，我们还可以利用新媒体平台开展在线互动和问答活动，解答公众疑问并增强公众的参与感。

在反馈机制方面，我们应建立畅通的反馈渠道和快速响应机制，及时收集和处理公众对预警信息的反馈意见；对于公众提出的合理建议和意见，应及时采纳并改进预警信息发布工作；对于公众反映的问题和困难，应给予积极回应和帮助解决。通过建立良好的反馈机制，我们可以不断完善预警信息发布工作并提高公众的满意度和信任度。

（四）技术保障与未来发展

预警信息发布机制的高效运行离不开先进技术的支持和保障。我们应随着科技的不断发展，积极探索和应用新技术手段来提高预警信息发布的效率和准确性。例如，我们可以利用大数据和人工智能技术对预警信息进行智能分析和处理；利用云计算和物联网技术实现预警信息的实时共享和联动；利用虚拟现实和增强现实技术提高预警信息的可视化程度和沉浸感等。

同时，我们还需要关注预警信息发布机制的未来发展趋势和挑战。随着气候变化和自然灾害的频发，预警信息发布工作将面临更加复杂和严峻的挑战。因此，我们需要不断加强技术研发和创新力度，提高预警信息发布系统的智能化、自动化水平；加强国际合作和交流力度，共同应对全球气候变化和灾害风险挑战；加强法律法规建设和标准制定工作，为预警信息发布提供有力保障和支持。

四、应急响应与减灾措施

在气候灾害预警系统中，应急响应与减灾措施是确保灾害损失最小化、保障人民生命财产安全的关键环节。一旦预警信息发布，我们应迅速启动有效的应急响应机制并实施科学的减灾措施，这对于减轻灾害影响、恢复社会秩序具有重要意义。以下从四个方面对这一主题进行深入分析。

（一）应急响应机制的构建

应急响应机制的构建是应对气候灾害的首要任务。这包括制定详尽的应急预案，明确各级政府部门、社会组织及公众在灾害发生时的职责与行动方案。预案应涵盖灾害预警接收、信息传递、资源调配、人员疏散、救援行动等多个方面，确保在灾害来临时能够迅速、有序地展开应对工作。同时，我们还应建立跨部门、跨区域的协调机制，加强信息共享与协同作战能力，形成应对灾害的强大合力。

为了保障应急响应机制的高效运行，我们还需加强应急演练与培训，通过定期组织模拟演练，检验应急预案的可行性和有效性，提高各级应急管理人员的应对能力和协调水平。同时，我们要加强对应急救援队伍的专业培训，提升其专业技能和实战能力，确保在关键时刻能够拉得出、顶得上、打得赢。

（二）快速响应与救援行动

在灾害发生后，快速响应与救援行动是减少灾害损失的关键，这要求各级应急管理部门迅速启动应急响应机制，调集专业救援队伍和物资装备，迅速赶赴灾害现场开展救援工作，同时加强与公安、消防、医疗等部门的联动协作，形成救援合力，提高救援效率。

救援行动应坚持以人为本的原则，优先保障人民群众的生命安全，通过实施紧急疏散、搜救被困人员、救治伤员等措施，最大限度地减少人员伤亡，同时还应加强灾害现场的秩序维护和安全保障工作，防止次生灾害的发生。

（三）减灾措施的实施

减灾措施是降低气候灾害风险、减轻灾害损失的重要手段。这包括工程性减灾措施和非工程性减灾措施两大类。工程性减灾措施主要包括建设防灾设施、加固建筑物、改善生态环境等；非工程性减灾措施则包括制定法律法规、加强宣传教育、提高公众防灾意识等。

在实施减灾措施时，我们应注重科学规划、统筹兼顾，根据灾害类型、发生频率及影响范围等因素，制定科学合理的减灾规划，明确减灾目标、任务和措施。同时，我们还应加强跨部门、跨领域的合作与协调，形成减灾合力。此外，我们还应注重减灾措施的长期性和可持续性，通过加强科技创新、提高资源利用效率等方式，推动减灾事业的持续发展。

（四）灾后恢复与重建

灾后恢复与重建是应对气候灾害的最后一道防线。在灾害得到有效控制后，我们应迅速启动灾后恢复与重建工作，尽快恢复受灾地区的正常生产生活秩序。这包括修复受损基础设施、恢复公共服务功能、安置受灾群众等方面的工作。

灾后恢复与重建应注重科学规划、有序推进，根据受灾地区的实际情况和恢复重建的需求，制定科学合理的恢复重建规划，明确恢复重建的目标、任务和措施；同时，还应加强资金、物资和技术等方面的保障和支持力度，确保恢复重建工作的顺利进行；此外，还应注重灾后心理援助和社会重建工作，帮助受灾群众走出心理阴影、重建美好家园。

总之，应急响应与减灾措施是气候灾害预警系统中不可或缺的重要组成部分。通过构建高效的应急响应机制、实施科学的减灾措施以及加强灾后恢复与重建工作，我们能够有效应对气候灾害的挑战、减轻灾害损失并保障人民生命财产安全。

第三节　农业资源优化配置

一、农业资源需求预测分析

（一）农业资源需求预测的重要性与背景

在全球化进程加速、人口持续增长及气候变化等多重因素交织下，农业资源的优化配置与需求预测显得尤为重要。农业资源包括土地、水资源、种子、化肥、农药及劳动力等，是农业生产的基础与核心。随着社会对食品安全、生态环境及可持续发展的关注度不断提升，准确预测农业资源需求成为指导农业生产布局、调整农业产业结构、提升农业综合生产能力的关键。这不仅关乎国家粮食安全，也直接影响到农村经济发展、农民收入增长及生态环境保护。

我们预测农业资源需求，首先需深入理解国内外市场动态，包括农产品消费需求趋势、国际贸易形势、技术进步对农业生产方式的影响等；同时，还需考虑自然资源的有限性与环境承载力的约束，确保农业发展的可持续性；在此基础上，通过科学的方法和技术手段，对未来一段时间内各类农业资源的需求量进行合理预估，为政府制定农业政策、农民安排生产计划提供科学依据。

（二）土地资源需求预测

土地资源作为农业生产不可替代的基本要素，其需求预测需综合考虑人口增长、城镇化进程、耕地保护政策、土地复垦与改良潜力等多方面因素。随着人口增加和城镇化加速，对农产品的需求将持续增长，进而推动对土地资源需求的增加。然而，耕地资源的有限性要求我们在保障粮食安全的同时，优化土地利用结构，提高土地利用效率。

在预测过程中，我们可采用遥感监测、地理信息系统（GIS）等现代技术手段，对土地资源现状进行精准评估，结合历史数据和未来发展趋势，建立土地资源需求预测模型。同时，我们还需关注土地质量变化，如土壤退化、盐碱化等问题，以及政策调整对土地利用方式的影响，确保预测结果的准确性和实用性。

（三）水资源需求预测

农业是水资源消耗的主要领域，随着气候变化和极端天气事件的频发，水资源短缺已成为制约农业发展的重要因素。因此，准确预测农业水资源需求，对于合理调配水资源、提高农业用水效率具有重要意义。

水资源需求预测需综合考虑作物需水量、灌溉技术改进、节水灌溉技术推广、雨水收集利用等因素，通过收集并分析历史水文数据、气象资料及农业生产数据，结合作物生长周期、土壤类型、气候条件等信息，建立水资源需求预测模型；同时，还需关注水资源的时空分布不均问题，通过跨区域调水、水权交易等手段，实现水资源的优化配置。

（四）其他农业资源需求预测

除了土地和水资源外，种子、化肥、农药等农业生产资料的需求预测同样重要。这些资源的合理配置对于提高农业生产效率、保障农产品质量安全具有关键作用。

种子需求预测需关注作物品种改良、种子市场供需状况及农民种植意愿等因素。化肥和农药的需求预测则需考虑土壤肥力状况、病虫害发生趋势、环保政策对化肥农药使用的限制等因素。我们应通过收集并分析相关数据，结合农业生产实践经验和专家意见，建立科学合理的预测模型，为农业生产资料的供应和管理提供决策支持。

综上所述，农业资源需求预测分析是一个复杂而系统的工程，需要综合运用多种方法和手段，全面考虑各种影响因素。通过精准预测，可以为农业资源的优化配置提供科学依据，推动农业可持续发展。

二、优化配置模型构建

（一）优化配置模型构建的理论基础

在构建农业资源优化配置模型时，首先需奠定坚实的理论基础。这包括资源经济学、系统科学、环境科学以及运筹学等多个学科的知识融合。资源经济学提供了资源稀缺性、有效配置及市场机制的理论框架；系统科学则强调系统整体最优而非局部最优，以及系统内部各要素之间的相互作用与影响；环境科学则关注资源开发利用过程中的环境保护与可持续发展问题；运筹学则提供了数学规划、决策分析、仿真模拟等定量分析工具，用于解决复杂系统的优化问题。

基于这些理论基础，我们可以构建出一个综合考虑经济、社会、环境等多方面因素的农业资源优化配置模型，旨在实现农业资源的高效、公平、可持续利用。

（二）模型构建的关键要素与假设

在构建模型时，我们需明确关键要素并设定合理假设。关键要素包括农业资源种类（如土地、水、种子、化肥等）、农业生产目标（如产量最大化、成本最小化、环境影响最小化等）、约束条件（如资源总量限制、环境承载力、政策法规等）以及决策变量（如种植结构、灌溉方式、施肥量等）。

假设是为了简化问题，使模型更加可操作。例如，我们可以假设市场是完全竞争的，价格机制能够有效反映资源稀缺性；农业生产者能够理性决策，追求自身利益最大化，同时考虑社会和环境效益；政策环境相对稳定，政策法规对农业生产的影响可预测等。

（三）模型构建的方法与技术

构建农业资源优化配置模型的方法与技术多种多样，包括但不限于线性规划、非线性规划、整数规划、动态规划、多目标规划、遗传算法、模拟退火算法等。方法选择取决于问题的复杂程度、数据的可获得性以及求解的精度要求。

线性规划适用于目标函数和约束条件均为线性的情况，求解相对简单；非线性规划则能处理更复杂的目标函数和约束条件，但求解难度增加。整数规划和多目标规划分别适用于决策变量需为整数和存在多个优化目标的情况。遗传算法、模拟退火算法等启发式算法则适用于求解大规模、非线性、多目标的复杂优化问题。

在构建模型时，我们还需采用数据挖掘、统计分析、专家咨询等技术手段，收集并处理相关数据，为模型提供有力支撑。

（四）模型的应用与评估

构建好的农业资源优化配置模型需经过实际应用与评估才能验证其有效性和实用性。在应用过程中，我们需将模型与实际情况相结合，考虑地区差异、季节变化、技术进步等因素对模型参数和结果的影响；同时，还需建立模型运行的监控机制，确保模型运行的稳定性和可靠性。

评估模型时，我们可采用多种指标进行综合评价，如资源配置效率、农业生产效益、环境影响程度、社会接受度等，通过对比分析不同方案下的模型运行结果，选择最优方案作为决策依据。此外，我们还需关注模型的适应性和灵活性，以便根据实际情况进行调整和优化。

综上所述，构建农业资源优化配置模型是一个复杂而系统的过程，需要综合运用多学科知识、多种方法与技术手段。科学构建并有效应用模型，可以为农业资源的优化配置提供有力支持，推动农业可持续发展。

三、资源配置方案评估

（一）资源配置方案的经济效益评估

在评估农业资源优化配置方案时，经济效益是首要考虑的因素。经济效益评估旨在分析方案对农业生产成本、产量、收入及利润等方面的直接影响。通过构建经济效益评估模型，我们可以量化比较不同配置方案下的成本效益比、投资回报率、利润率等关键经济指标。

具体而言，经济效益评估需考虑农业生产资料（如种子、化肥、农药）的投入成本，以及土地、水资源等自然资源的利用效率；同时，还需关注农产品市场价格波动对经济效益的影响，以及不同作物种植结构下的经济收益差异。对比分析可以筛选出经济效益最优的资源配置方案，为农业生产者提供决策参考。

（二）资源配置方案的社会效益评估

社会效益评估是资源配置方案评估的重要组成部分，它关注方案对农村社会经济发展、农民就业增收、农村社会稳定等方面的贡献。在评估过程中，我们需考虑资源配置方案对农业生产方式转变、农村产业结构调整、农民收入增长等方面的促进作用。

此外，我们还需关注资源配置方案对农村社会公平的影响，确保资源分配合理、公正，避免出现资源过度集中或浪费现象。通过构建社会效益评估指标体系，我们可以全面衡量资源配置方案的社会效益水平，为政府制定农业政策、推动农村社会发展提供科学依据。

（三）资源配置方案的环境效益评估

随着环保意识的增强，环境效益评估在资源配置方案评估中的地位日益凸显。环境效益评估旨在分析方案对生态环境的影响，包括水资源污染、土壤退化、生物多样性损失等方面。通过构建环境效益评估模型，我们可以量化比较不同配置方案下的环境负荷、生态服务价值等关键环境指标。

在评估过程中，我们需关注资源开发利用过程中的环境保护措施是否到位，以及是否采取了有效的生态修复和补偿机制，同时还需考虑资源配置方案对农业可持续发展的影响，确保农业生产与生态环境保护相协调。环境效益评估可以筛选出环境友好型的资源配置方案，推动农业绿色发展。

（四）资源配置方案的可持续性评估

资源配置方案的可持续性评估是确保农业长期发展的关键环节。可持续性评估旨在分析方案在经济、社会、环境三个维度上的可持续性，即方案是否能够在长期内保持经济效益、社会效益和环境效益的均衡发展。

在评估过程中，需考虑资源配置方案是否考虑了资源的再生能力和环境承载力，是否采取了节约资源、保护环境的措施，同时还需关注方案对农业技术创新、产业升级等方面的推动作用，以及是否有利于培养农民的可持续发展意识。通过构建可持续性评估指标体系，我们可以全面评估资源配置方案的可持续性水平，为制定长期农业发展规划提供有力支持。

综上所述，资源配置方案的评估需要从经济效益、社会效益、环境效益和可持续性四个维度进行综合考虑，通过科学评估，可以筛选出最优的资源配置方案，为农业资源的优化配置和农业可持续发展提供有力保障。

四、实施效果监测与调整

（一）实施效果监测体系构建

在农业资源优化配置方案的实施过程中，构建一套完善的实施效果监测体系至关重要。这一体系旨在全面、准确地跟踪和评估方案执行的效果，为后续的调整和优化提供数据支持。监测体系应包括明确的监测指标、科学的监测方法、合理的监测周期以及有效的监测机制。

监测指标的选择应紧密围绕资源配置方案的目标和重点，涵盖经济效益、社会效益、环境效益及可持续性等多个维度。例如，经济效益方面可监测产量增长、成本降低、收入增加等；社会效益方面可关注农村就业、农民收入、社会稳定等；环境效益方面则需关注资源利用效率、生态环境质量等；可持续性方面则需评估资源再生能力、环境承载力等。

监测方法应结合实际情况，采用定量分析与定性分析相结合的方式，通过实地调研、数据收集、统计分析等手段，获取真实、可靠的数据信息；同时，利用现代信息技术手段，如遥感监测、物联网技术等，提高监测的效率和准确性。

监测周期应根据资源配置方案的特点和实际需求合理设定，既要保证监测的及时性，又要避免资源浪费。监测机制应明确各级监测主体的职责和权限，确保监测工作的有序开展。

（二）实施效果数据分析与解读

在获取了实施效果监测数据后，我们需要对其进行深入的数据分析和解读。这一过程旨在挖掘数据背后的规律和趋势，为后续的调整和优化提供科学依据。

数据分析应综合运用统计学、经济学、环境科学等多学科的知识和方法，对监测数据进行多维度、多层次的分析，通过对比分析、趋势预测等手段，发现资源配置方案实施过程中的亮点和不足，同时还需对数据进行深度挖掘，揭示资源利用与环境保护之间的内在联系和相互影响。

数据解读应注重客观性和准确性，避免主观臆断和片面解读；同时，还需结合实际情况和专家意见，对数据分析结果进行科学合理的解释和说明。

（三）实施效果评估与反馈

基于数据分析的结果，对资源配置方案的实施效果进行全面评估。评估内容包括方案目标的实现程度、经济效益的提升情况、社会效益的改善程度、环境效益的保护效果以及可持续性的发展能力等方面。

在评估过程中，我们应坚持客观公正的原则，确保评估结果的准确性和可信度；同时，还需关注评估结果的反馈机制，将评估结果及时反馈给相关部门和农业生产者，为后续的调整和优化提供依据。

反馈机制应畅通有效，确保评估结果能够迅速传达到相关决策者和执行者手中。同时，我们还需建立相应的激励机制和问责机制，对表现突出的单位和个人给予表彰和奖励；对存在问题的单位和个人进行问责和整改。

（四）实施策略调整与优化

根据实施效果评估的结果和反馈意见，对资源配置方案进行必要的调整和优化。调整优化的目标是进一步提高资源配置效率、提升农业生产效益、改善农村生态环境、增强农业可持续发展能力。

调整优化应坚持问题导向和目标导向相结合的原则。针对评估过程中发现的问题和不足，制定具体的调整措施和优化方案。同时，还需关注未来发展趋势和市场需求变化，对资源配置方案进行前瞻性的调整和优化。

在调整优化过程中，应注重科学性和可操作性。确保调整措施和优化方案符合实际情况和农业生产者的实际需求；同时，还需制定详细的实施方案和时间表，确保调整优化工作的有序开展。

综上所述，实施效果监测与调整是农业资源优化配置方案实施过程中的重要环节。构建完善的监测体系、进行深入的数据分析与解读、开展全面的评估与反馈以及实施必要的调整与优化措施，可以确保资源配置方案的有效实施和持续改进，为农业可持续发展提供有力保障。

第四节 农产品市场价格预测

一、市场价格历史数据分析

（一）农产品市场价格历史数据分析的重要性

农产品市场价格的历史数据分析在预测未来价格趋势中扮演着至关重

要的角色。通过对历史数据的深入分析，我们可以揭示农产品价格的周期性波动、季节性变化以及长期增长或下降趋势，为政策制定者、生产者、投资者及消费者提供决策依据。这种分析不仅有助于理解市场行为的内在逻辑，还能为市场参与者制定有效的市场策略提供重要参考。

首先，历史数据反映了农产品市场的长期变化趋势。例如，通过对过去十年或更长时间内农产品价格的统计分析，可以发现某些农产品的价格存在明显的季节性波动，如夏季蔬菜价格普遍较低，而冬季则相对较高。这种季节性变化与农产品的生产周期、储存条件及消费者需求紧密相关。同时，长期趋势分析还能揭示农产品价格随经济增长、人口结构变化及消费习惯演变而发生的根本性变化。

其次，历史数据为预测模型提供了基础。无论是基于时间序列分析的传统统计方法，还是利用机器学习和人工智能等现代技术，预测模型都需要大量的历史数据作为训练样本。通过对历史数据的拟合和优化，模型能够学习到农产品价格变化的内在规律，从而对未来价格进行较为准确的预测。

（二）农产品市场价格影响因素分析

农产品市场价格的变化受多种因素影响，包括供需关系、生产成本、气候条件、政策环境及国际市场动态等。这些因素相互交织，共同作用于农产品市场，导致其价格呈现出复杂多变的特征。

供需关系是影响农产品价格最直接的因素。当农产品供应充足而需求不足时，价格往往会下降；反之，当供应短缺而需求旺盛时，价格则会上涨。生产成本的变动也会影响农产品价格。例如，种子、肥料、农药等生产资料的价格上涨会增加农产品的生产成本，进而推高市场价格。

气候条件是影响农产品生产的重要因素。自然灾害（如干旱、洪涝、病虫害等）都会导致农产品减产或品质下降，进而影响市场价格。政策环境也是不可忽视的因素。政府的农业补贴、关税政策、价格管制等都会对农产品市场产生深远影响。

此外，国际市场动态也是影响国内农产品价格的重要因素。随着全球化进程的加速，国际农产品市场的价格波动对国内市场的传导效应日益显著。国际市场的供需变化、贸易政策调整及汇率变动等都会通过进出口贸易渠道影响国内农产品价格。

（三）农产品市场价格预测方法探讨

农产品市场价格的预测方法多种多样，包括基于历史数据的统计分析、基于技术指标的分析、基于基本面分析的研究以及利用机器学习和人工智能等现代技术进行预测等。每种方法都有其独特的优势和局限性。

基于历史数据的统计分析是最基础也是最常用的预测方法。通过对过去价格数据的统计分析，可以发现价格的周期性和趋势性特征，进而对未来价格进行初步预测。然而，这种方法可能受到数据质量和完整性的限制，且难以捕捉突发事件的影响。

基于技术指标的分析则更注重市场数据的实时性和动态性。通过分析价格图表、交易量和指标等市场数据，可以揭示市场的短期波动规律和趋势拐点。然而，技术指标仅是一种辅助工具，其准确性取决于数据的质量和分析者的经验。

基本面分析则更侧重于研究供求关系、市场需求、气候状况及政策环境等因素对农产品价格的影响。通过综合分析这些因素的变化趋势，可以对未来价格进行较为准确的预测。然而，基本面分析需要综合考虑多个因素，难度较大且耗时较长。

随着大数据和人工智能技术的不断发展，利用这些现代技术进行农产品市场价格预测已成为一种新趋势。通过构建复杂的预测模型并输入大量历史数据和其他影响因素数据，可以实现对未来农产品市场价格的较为准确的预测。然而，这种方法需要大量的数据和计算资源，并且对算法的选择和参数的调整也有一定的技术要求。

二、供需关系与价格变动趋势

（一）供需关系对农产品市场价格的基础性影响

供需关系作为市场经济的核心机制，对农产品市场价格具有决定性的影响。在农产品市场中，供应和需求之间的动态平衡决定了价格的波动方向和幅度。当供应量大于需求量时，市场价格往往会下降，以刺激消费并减少生产；反之，当需求量大于供应量时，市场价格则会上升，以抑制消费并激励生产。

这种供需关系的影响机制在农产品市场中尤为显著。由于农产品的生产受到自然条件、生长周期、政策环境等多种因素的制约，其供应量相对较为固定且难以迅速调整。而需求方面则受到人口增长、收入水平、消费习惯等多种因素的影响，呈现出较大的波动性和不确定性。因此，供需关系在农产品市场中的失衡现象更为常见，价格也更容易受到冲击。

（二）供需关系变化与农产品价格波动的内在逻辑

供需关系的变化是导致农产品价格波动的内在逻辑。从长期来看，农产品的生产能力和消费需求都在不断发生变化，这些变化通过影响供需关系来推动价格的波动。例如，随着人口的增长和经济的发展，对农产品的需求量不断增加，这将推动农产品价格的上涨。同时，农业生产技术的进步和种植结构的调整也会提高农产品的供应量，从而抑制价格的上涨。

然而，从短期来看，供需关系的变化可能更加复杂和难以预测。天气、病虫害、政策调整等突发事件都可能对农产品的供应造成冲击，导致供需关系失衡和价格的大幅波动。此外，市场参与者的预期和行为也会对供需关系产生影响，从而进一步加剧价格的波动。

（三）供需关系在农产品市场价格预测中的应用

在进行农产品市场价格预测时，供需关系是一个不可或缺的分析维度。通过对当前和未来一段时间内供需关系的变化趋势进行深入研究和分析，可以较为准确地预测农产品价格的波动方向和幅度。具体来说，可以从以下几个方面入手。

1. 分析农产品生产能力和需求趋势

通过收集和分析农业生产数据、消费数据以及宏观经济数据等信息，了解农产品生产能力和需求趋势的变化情况。这有助于把握供需关系的基本走向，为价格预测提供基础。

2. 关注突发事件对供需关系的影响

天气、病虫害、政策调整等突发事件都可能对农产品的供应造成冲击，进而影响供需关系和价格走势。因此，在进行价格预测时，需要密切关注这些突发事件的发生和发展情况，并评估其对供需关系可能产生的影响。

3. 分析市场参与者的预期和行为

市场参与者的预期和行为也会对供需关系产生影响，从而进一步加剧价格的波动。因此，在进行价格预测时，需要了解市场参与者的预期和行为变化情况，并评估其对供需关系和价格走势可能产生的影响。

（四）优化供需关系以稳定农产品市场价格的建议

为了稳定农产品市场价格并保障农民利益和市场供应安全，可以从以下几个方面入手优化供需关系。

1. 加强农业生产基础设施建设

通过加强农田水利建设、提高农业机械化水平等措施，提高农业生产能力和抗灾能力，减少因自然灾害等因素导致的供应短缺和价格波动。

2. 调整农业生产结构和种植布局

根据市场需求和资源条件等因素，合理调整农业生产结构和种植布局，优化资源配置和产品结构，提高农产品的市场竞争力和附加值。

3. 完善农产品市场体系和流通渠道

建立健全农产品市场体系和流通渠道，加强市场信息收集和发布工作，提高市场透明度和信息对称性，减少信息不对称对市场价格的影响。同时，加强农产品质量安全监管和品牌建设等工作，提高农产品的市场信誉度和消费者满意度。

4. 加强政策支持和调控力度

政府应加强对农业生产的政策支持和调控力度，通过财政补贴、税收减免、价格支持等措施保障农民利益和市场供应安全。同时，建立健全农产品储备制度和应急预案体系等机制，以应对突发事件对供需关系和价格走势的冲击。

三、价格预测模型选择与优化

（一）价格预测模型的重要性与选择原则

在农产品市场价格预测中，选择合适的价格预测模型至关重要。这些模型不仅是理解市场动态、把握价格趋势的关键工具，也是指导农业生产、制定销售策略和风险管理的重要依据。因此，在选择价格预测模型时，需要遵循以下原则。

1. 适用性

模型应能够准确反映农产品市场的特点和规律，包括其供需关系、季节性波动、周期性变化等因素。

2. 可靠性

模型应基于可靠的数据和合理的假设，能够经得起实践的检验和验证。

3. 可操作性

模型应易于理解和操作，便于市场参与者根据实际情况进行调整和优化。

4. 灵活性

模型应具有一定的灵活性，能够适应市场环境和条件的变化，及时反映新的市场信息和趋势。

（二）常用价格预测模型及其特点

在农产品市场价格预测中，常用的价格预测模型包括时间序列模型、回归分析模型、供需平衡模型以及基于机器学习的预测模型等。

1. 时间序列模型

时间序列模型基于历史价格数据，通过分析和拟合价格序列的趋势、季节性和随机性等特征，预测未来价格走势。其优点在于简单易行，能够捕捉价格变动的周期性规律；但缺点在于对突发事件和市场环境变化的适应性较差。

2. 回归分析模型

回归分析模型通过分析农产品价格与其他相关因素（如生产成本、供需关系、政策环境等）之间的统计关系，建立回归方程来预测价格变动。其优点在于能够综合考虑多种因素对价格的影响；但缺点在于需要收集大量数据，且模型参数的估计和检验较为复杂。

3. 供需平衡模型

供需平衡模型基于供需关系理论，通过分析农产品的供给量和需求量之间的平衡关系来预测价格变动。其优点在于能够直观反映市场供需状况对价格的影响；但缺点在于需要准确估计供给量和需求量的数值，且难以预测突发事件对供需关系的影响。

4. 基于机器学习的预测模型

随着大数据和人工智能技术的发展，基于机器学习的预测模型在农产品市场价格预测中得到了越来越广泛的应用。这些模型通过训练大量历史数据，学习价格变动的复杂规律，并据此预测未来价格走势。其优点在于能够处理非线性关系和高维数据，具有较高的预测精度；但缺点在于需要大量计算资源和专业知识支持。

（三）价格预测模型的优化策略

为了提高价格预测模型的准确性和可靠性，可以采取以下优化策略。

1. 数据预处理

对原始数据进行清洗、去噪、归一化等处理,提高数据的质量和一致性。

2. 特征选择

根据模型的需要和数据的实际情况选择合适的特征变量,减少冗余信息和噪声干扰。

3. 参数调优

通过交叉验证、网格搜索等方法对模型的参数进行调优,找到最优的参数组合以提高模型的预测性能。

4. 模型融合

将多个预测模型进行融合,利用各自的优点来弥补不足,提高整体预测精度和稳定性。

5. 实时更新

根据新的市场信息和数据对模型进行实时更新和调整,以适应市场环境和条件的变化。

四、市场策略制定与风险管理

在农业领域,市场策略的制定与风险管理是确保农民收益稳定、促进农业可持续发展的关键环节。农产品市场价格受多种因素影响,波动较大,因此,科学预测市场价格、制定合理的市场策略并有效管理风险至关重要。以下从市场分析、策略制定、风险管理及市场适应性四个方面进行详细阐述。

(一)市场分析

市场分析是制定市场策略的基础,它要求全面、深入地了解农产品市场的现状和未来趋势。首先,要关注宏观经济指标如 GDP 增长率、通货膨胀率、消费者信心指数等,这些指标直接影响农产品需求和市场价格。其次,要深入分析农产品市场的供需关系,包括产量、库存、进出口情况以及消费者需求变化等。最后，还需关注政策因素，如农业补贴、贸易壁垒、环保法规等，它们对农产品市场的影响不容忽视。

在农产品市场预测中，可以运用多种方法，如时间序列分析法、因果关系分析法、专家判断法等。时间序列分析法通过历史数据预测未来趋势，适用于短期预测；因果关系分析法通过建立数学模型，分析影响农产品价格的主要因素，适用于中长期预测；专家判断法则依赖于领域专家的经验和判断，具有一定的主观性但能够综合多方面信息。

（二）策略制定

基于市场分析的结果，制定科学合理的市场策略是关键。首先，要根据农产品的特点和市场需求，确定产品定位和差异化竞争策略。例如，对于高品质的农产品，可以采用高溢价策略，满足消费者对品质和健康的追求；对于大众化的农产品，则可以通过规模化生产降低成本，以价格优势占领市场。

其次，要优化销售渠道，提高销售效率。随着电子商务和物流技术的发展，农产品电商成为新的销售渠道。农民可以通过电商平台直接面向消费者销售农产品，减少中间环节，提高利润。同时，还可以利用社交媒体和短视频平台进行品牌宣传和推广，扩大市场份额。

最后，要关注市场动态，灵活调整销售策略。在农产品价格波动较大的情况下，农民应密切关注市场行情变化，及时调整种植结构和销售计划。例如，在价格低迷时减少种植面积或调整种植品种；在价格上涨时增加供应量以满足市场需求。

（三）风险管理

农产品市场风险具有多样性和复杂性，包括价格风险、供需风险、自然灾害风险等。为了有效管理这些风险，农民需要采取一系列措施。首先，要建立风险预警机制，通过监测市场动态和气象信息等手段及时发现潜在风险并采取措施加以应对。其次，要多元化经营以分散风险。例如，通过种植多种农作物、养殖多种畜禽等方式降低单一产品带来的风险。此外，还可以利用期货、期权等金融工具进行风险管理。

在风险管理过程中，还需要注意政策支持和保险保障的作用。政府可以通过制定相关政策和提供补贴等方式支持农业发展并降低农民的风险负担；保险公司则可以提供农业保险服务为农民提供风险保障。

（四）市场适应性

市场适应性是农民在复杂多变的市场环境中保持竞争力的关键。首先，农民要增强市场意识，提高对市场变化的敏感度和反应速度。通过参加培训、学习市场知识等方式，不断提升自身的市场意识和经营能力。其次，要注重品牌建设，提升农产品的附加值和竞争力。通过打造特色品牌、提高产品质量和包装等方式吸引消费者并赢得市场份额。最后，要加强合作与交流，实现资源共享和优势互补。农民可以与其他农户、合作社或企业建立合作关系，共同应对市场风险并分享市场信息和技术资源。

综上所述，市场策略制定与风险管理是农产品市场经营中的重要环节。通过深入的市场分析、科学合理的策略制定、有效的风险管理和灵活的市场适应性措施，农民可以在复杂多变的市场环境中保持竞争力并实现可持续发展。

第五节　精准农业管理策略制定

一、精准农业理念与框架

（一）精准农业理念概述

精准农业作为一种先进的农业生产管理理念，其核心在于通过现代信息技术手段，实现对农业生产全过程的精准监测、管理和调控。这一理念强调"需要多少给多少，需要什么给什么"，即根据田间每一块操作单元的具体条件，精细准确地调整农业管理措施，以达到提高农作物产量和品质、降低生产成本、减少环境污染、实现农业可持续发展的目标。精准农业不仅是农业科技进步的体现，更是现代农业发展的重要方向。

在精准农业理念下，农业生产不再依赖于传统的经验判断和粗放管理，而是借助全球定位系统（GPS）、遥感技术（RS）、地理信息系统（GIS）等现代信息技术，对农田环境、作物生长状况进行实时监测和数据分析，为精准施肥、精准灌溉、病虫害精准防控等提供科学依据。同时，通过智能化农机具和自动化控制系统，实现农业生产过程的精准作业和高效管理，进一步提高农业生产效率和资源利用效率。

（二）精准农业管理框架构建

精准农业管理框架的构建是实施精准农业理念的基础和保障。该框架主要包括以下几个关键组成部分。

1. 信息感知与采集系统

利用传感器、无人机、卫星遥感等技术手段，实时采集农田环境数据（如土壤水分、温度、光照等）和作物生长数据（如生长速度、病虫害情况等），为精准农业管理提供基础数据支持。

2. 数据处理与分析系统

运用大数据、云计算等现代信息技术，对采集到的数据进行处理和分析，提取有价值的信息，为精准农业管理决策提供科学依据。通过数据分析，可以实现对农田环境的精准评估、作物生长状况的精准预测以及农业灾害的精准预警。

3. 决策支持系统

基于数据处理与分析结果，构建精准农业决策支持系统。该系统能够根据农田环境条件和作物生长需求，自动或半自动地生成农业生产管理方案，包括精准施肥方案、精准灌溉方案、病虫害精准防控方案等。

4. 智能执行与控制系统

通过智能化农机具和自动化控制系统，将决策支持系统生成的农业生产管理方案转化为实际行动。例如，利用智能灌溉系统实现精准灌溉，利用无人机喷洒系统实现精准施药等。

（三）精准农业管理策略制定

在制定精准农业管理策略时，需要综合考虑农田环境、作物种类、生长周期、市场需求等多方面因素。以下是一些关键策略。

1. 因地制宜，精准施策

根据不同地区的农田环境条件和作物生长需求，制定差异化的精准农业管理策略。例如，在干旱地区推广滴灌、喷灌等节水灌溉技术；在病虫害高发地区加强病虫害监测和防控力度。

2. 科学施肥，减少浪费

通过土壤测试和作物营养需求分析，科学配比肥料种类和用量，实现精准施肥。同时，推广使用有机肥和生物肥料等环保型肥料，减少化肥使用量和环境污染。

3. 精准灌溉，提高水资源利用效率

利用智能灌溉系统实时监测土壤水分状况，根据作物生长需求进行精准灌溉。通过滴灌、喷灌等节水灌溉技术，减少水资源浪费和地下水污染。

4. 病虫害精准防控

建立病虫害预警系统，通过传感器监测和数据分析提前判断病虫害发生风险，并采取相应措施进行防控。推广绿色防控技术，如生物防治、物理防治等，减少化学农药使用量。

随着信息技术的不断发展和应用范围的扩大，精准农业将在未来展现出更加广阔的发展前景。一方面，随着物联网、人工智能等技术的日益成熟和应用普及，精准农业将实现更加智能化、自动化的生产和管理；另一

方面，随着全球对食品安全和环境保护的重视程度不断提高，精准农业将在减少化肥农药使用、提高农产品品质和安全性等方面发挥更加重要的作用。同时，精准农业的发展还将促进农业与其他产业的深度融合和协同发展，推动现代农业产业体系的形成和完善。

二、管理策略需求分析

（一）农业生产环境的精准监测需求

在精准农业管理策略的制定中，对农业生产环境的精准监测是基础且至关重要的需求。农业生产环境包括土壤质量、气候条件、水资源状况等多个方面，这些环境因素直接影响农作物的生长状况和最终产量。因此，实现农业生产环境的精准监测，是制定精准管理策略的前提。

首先，土壤质量的精准监测需求迫切。土壤是农作物生长的基础，其肥力、酸碱度、水分含量等直接影响作物的生长速度和品质。通过先进的土壤传感器和遥感技术，可以实时监测土壤的各项指标，为精准施肥和灌溉提供科学依据。此外，长期监测土壤质量还有助于预防土壤退化，保护耕地资源。

其次，气候条件的精准监测同样重要。气候条件（如温度、湿度、光照强度等）是影响作物生长的关键因素。利用气象站和卫星遥感技术，可以实现对农田区域气候条件的全面监测和精准预测。这有助于农民提前采取相应措施，如调整播种时间、搭建遮阳网等，以应对不利对作物生长的影响。

最后，水资源状况的精准监测也不容忽视。水资源是农业生产中不可或缺的资源，但其分布不均和浪费现象严重。通过智能水表和地下水位监测系统等设备，可以实时掌握农田区域的水资源状况，为精准灌溉提供数据支持。同时，还可以根据作物生长需求和土壤水分状况，制订合理的灌溉计划，减少水资源浪费。

(二) 作物生长状况的精准评估需求

作物生长状况的精准评估是精准农业管理策略制定的核心环节。通过对作物生长状况的全面监测和精准评估，可以及时了解作物的生长状态和需求，为精准施肥、灌溉、病虫害防控等管理措施提供科学依据。

首先，需要利用传感器和无人机等现代技术手段，对作物的生长参数进行实时监测。这些参数包括株高、叶面积、光合作用速率等，它们能够反映作物的生长速度和健康状况。通过对这些参数的精准评估，可以及时发现作物生长过程中的问题，并采取相应的管理措施进行纠正。

其次，需要利用遥感技术和大数据分析手段，对作物生长状况进行宏观评估。遥感技术可以获取大范围农田的作物生长信息，而大数据分析则可以对这些信息进行深入挖掘和分析。通过对比不同地块、不同作物之间的生长状况差异，可以找出影响作物生长的关键因素，并制定相应的管理措施进行改进。

最后，需要建立作物生长模型，对作物生长过程进行模拟和预测。作物生长模型是基于作物生理学、生态学和气象学等学科的研究成果而建立的数学模型。通过输入农田环境数据和作物生长参数等信息，作物生长模型可以模拟出作物在不同条件下的生长过程和产量水平。这有助于农民提前了解作物生长趋势和产量预期，并制定相应的管理措施以实现高产优质的目标。

(三) 农业生产成本的精准控制需求

在精准农业管理策略的制定中，农业生产成本的精准控制是一个重要的目标。通过精准管理手段的应用，可以降低农业生产过程中的不必要的投入和浪费，提高农业生产的经济效益。

首先，需要实现农业生产资源的精准配置。农业生产资源包括土地、水、肥料、农药等各个方面。通过精准监测和评估农田环境和作物生长状况等信息，可以制定出合理的资源配置方案。例如，在肥料使用上，可以采用测土配方施肥技术，根据土壤养分状况和作物需求来确定肥料种类和用量；在灌溉上，可以采用滴灌、喷灌等节水灌溉技术来减少水资源浪费。

其次，需要优化农业生产流程和管理模式。传统农业生产过程中存在着许多环节和流程上的浪费和不合理现象。通过引入现代信息技术手段，如物联网、大数据等可以实现农业生产流程的智能化和自动化管理。例如，利用物联网技术可以实现对农机具的远程监控和调度，减少农机具的空驶率和闲置时间；利用大数据技术可以对农业生产过程中的各种数据进行分析和挖掘，找出存在的问题并提出改进方案。

最后，还需要加强农业生产过程中的成本核算和财务管理工作。通过建立健全的成本核算体系和财务管理制度可以实现对农业生产成本的全面掌控和精准控制。同时，还需要加强对农民的培训和教育，提高他们的成本控制意识和能力，让他们在生产过程中更加注重节约和效益的提升。

（四）农业生态环境保护的精准施策需求

随着全球环境问题的日益严峻和人们对生态环境保护意识的不断提高，农业生态环境保护已经成为精准农业管理策略制定中不可忽视的重要方面。通过精准施策手段的应用可以有效保护农业生态环境，促进农业可持续发展。

首先，需要加强对农业生态环境的监测和评估工作。利用遥感技术、无人机等现代技术手段可以实现对农业生态环境的全面监测和精准评估。通过对农田土壤、水体、大气等环境要素的监测，可以及时发现和解决存在的环境问题，如土壤污染、水体富营养化等。同时，还需要对农业生态环境的变化趋势进行预测和预警，为制定有效的保护措施提供科学依据。

其次，需要推广绿色生态的农业生产方式和技术手段。绿色生态的农业生产方式和技术手段是保护农业生态环境的重要手段之一。例如，可以采用有机耕作、轮作休耕等耕作制度减少化肥农药的使用量；可以采用生物防治、物理防治等绿色防控技术减少化学农药的使用量；还可以推广节水灌溉技术减少水资源的浪费和污染等。

三、策略制定与仿真验证

（一）策略制定的科学性与系统性

在精准农业管理策略的制定过程中，科学性与系统性是确保策略有效实施的关键。科学性要求策略的制定必须基于充分的数据分析、理论研究和实证研究，确保管理措施的精准性和针对性。系统性则强调策略制定要全面考虑农业生产的各个环节和要素，确保各项管理措施之间的协调性和互补性。

首先，策略制定需以数据为驱动。通过收集、整理和分析农田环境、作物生长、市场需求等多方面的数据，运用统计学、数据挖掘等科学方法，揭示数据背后的规律和趋势，为策略制定提供科学依据。例如，基于作物生长模型和气候预测数据，可以制订出合理的灌溉和施肥计划，以应对气候变化对作物生长的影响。

其次，策略制定需注重多学科交叉融合。精准农业涉及农学、信息技术、环境科学等多个学科领域，因此策略制定需要综合考虑各学科的研究成果和技术手段，形成综合性的解决方案。例如，在病虫害防控方面，可以结合生物防治、物理防治和化学防治等多种手段，形成综合防控体系，提高防控效果。

最后，策略制定需强调系统性和协同性。农业生产是一个复杂的系统过程，各个环节之间相互影响、相互制约。因此，在制定管理策略时，需要全面考虑各个环节之间的关系和相互作用，确保各项管理措施之间的协同性和一致性。例如，在优化资源配置方面，需要综合考虑土地、水、肥料、农药等多种资源的利用效率和成本效益，实现资源的优化配置和高效利用。

（二）仿真验证的必要性与实施方法

仿真验证是精准农业管理策略制定过程中不可或缺的一环。通过仿真验证，可以模拟不同管理策略在特定条件下的实施效果，评估其可行性和有效性，为策略的最终确定提供有力支持。

首先，仿真验证的必要性在于其能够降低策略实施的风险和成本。在实际农业生产中，直接应用新的管理策略可能会面临诸多不确定性和风险。而通过仿真验证，可以在虚拟环境中模拟策略的实施过程，预测其可能带来的结果和影响，从而避免不必要的损失和风险。

其次，仿真验证的实施方法需要科学合理。一般来说，仿真验证包括建立仿真模型、设定仿真参数、运行仿真实验和评估仿真结果等步骤。在建立仿真模型时，需要根据实际农业生产过程的特点和规律，选择合适的模型结构和算法；在设定仿真参数时，需要根据实际数据和经验知识，合理设定各项参数的取值范围；在运行仿真实验时，需要按照预定的实验方案进行操作，确保实验结果的可靠性和准确性；在评估仿真结果时，需要对实验结果进行深入分析和比较，评估不同管理策略的优劣和适用性。

最后，仿真验证的结果需要客观公正地评价。在评价仿真结果时，需要综合考虑多个方面的因素，如策略的实施效果、成本效益、环境影响等。同时，还需要注意避免主观偏见和片面性，确保评价结果的客观性和公正性。通过仿真验证的结果反馈，可以进一步优化和完善管理策略，提高其针对性和有效性。

（三）策略调整与优化机制

在精准农业管理策略的实施过程中，由于农业生产环境的复杂性和多变性，往往需要对策略进行适时调整和优化。因此，建立有效的策略调整与优化机制对于保障精准农业管理的顺利实施具有重要意义。

首先，需要建立动态监测与评估体系。通过对农业生产环境的持续监测和评估，可以及时发现农业生产过程中存在的问题和变化，为策略调整提供科学依据。同时，还需要建立定期评估制度，对策略的实施效果进行定期评估和总结，以便及时发现问题和不足并进行改进。

其次，需要建立灵活的调整与优化机制。在策略实施过程中，如果发现策略存在不足或无法适应新的生产环境，需要及时进行调整和优化。这包括修改策略的具体内容、调整策略的实施方式等。在调整和优化过程中，需要充分考虑农业生产的特点和规律以及农民的实际需求和意愿，确保调整后的策略更加符合实际情况和需求。

最后，还需要加强农民的培训和教育，提高他们的策略执行能力和水平。农民是精准农业管理策略的直接执行者，他们的执行能力和水平直接影响到策略的实施效果。因此，需要通过培训和教育等方式，提高农民对精准农业管理策略的认识和理解，掌握相关技术和方法，提高他们的策略执行能力和水平，确保策略能够得到有效实施和推广。

（四）策略实施中的风险管理与应对措施

在精准农业管理策略的实施过程中，可能会面临各种风险和挑战。为了确保策略能够顺利实施并取得预期效果，需要建立有效的风险管理与应对措施体系来应对可能出现的风险和问题。

首先，需要对可能面临的风险进行全面分析和评估。这包括分析农业生产环境的变化趋势、市场需求的变化情况、政策环境的变化情况等多个方面的因素。通过对这些因素的分析和评估，可以预测可能出现的风险和问题，为制定应对措施提供依据。

其次，需要制定具体的应对措施和预案。针对可能出现的风险和问题，需要制定具体的应对措施和预案，以应对突发情况和问题。这些应对措施和预案可以包括调整策略的具体内容、加强监测和评估工作、提高农民的应对能力等多个方面。

最后，还需要加强风险管理的组织和协调工作。风险管理是一个复杂的过程，需要多个部门和机构的协同配合。因此，需要建立有效的组织体系和协调机制，明确各部门的职责和任务，加强沟通和协作，形成合力共同应对。

第五章 深度学习与农业物联网技术的融合

第一节 物联网数据采集与智能处理

一、物联网数据采集技术

（一）物联网数据采集技术的基础架构

物联网数据采集技术作为物联网应用的核心，其基础架构主要由感知层、网络层和应用层三部分构成。感知层是物联网数据采集的起点，通过各类传感器、RFID 标签、摄像头等智能设备，实时采集物理世界中的温度、湿度、压力、位置等信息。这些设备如同物联网的"触角"，能够精确感知并捕捉周围环境的变化。网络层则负责将感知层收集到的数据通过无线通信技术（如 Wi-Fi、蓝牙、LoRaWAN、NB-IoT 等）传输至云端或本地服务器。在这一过程中，通信协议（如 MQTT、CoAP、HTTP）扮演着至关重要的角色，它们确保了数据在传输过程中的高效性和稳定性。应用层则是对收集到的数据进行处理、分析和应用的关键环节，通过数据分析与可视化技术，将原始数据转化为有价值的信息和洞察，为决策提供有力支持。

（二）物联网数据采集的关键技术

物联网数据采集技术的核心在于其关键技术的不断创新与发展。传感器技术是物联网数据采集的基石，随着技术的进步，无电池传感器、柔性传感器、智能传感器等新型传感器不断涌现，它们不仅提高了数据采集的精度和效率，还降低了系统的维护成本。RFID 技术作为物联网中的标识和追踪利器，广泛应用于物流、库存管理等场景，实现了对物体的精准识别和跟踪。此外，无线通信技术的快速发展也为物联网数据采集提供了更广阔的空间，低功耗广域网（LPWAN）技术，如 LoRaWAN、NB-IoT 等，以其长距离覆盖、低功耗等特点，在智慧城市、农业物联网等领域发挥着重要作用。

（三）物联网数据的智能处理

物联网数据的智能处理是物联网应用的核心价值所在。通过对收集到的数据进行清洗、融合、挖掘等操作，可以提取出隐藏在数据背后的有用信息和洞察。这一过程不仅依赖于强大的计算能力和高效的算法，还需要结合具体应用场景进行深度分析。数据分析与可视化技术在这一过程中发挥了关键作用，它们能够将复杂的数据转化为直观、易懂的图表和报告，帮助决策者快速理解数据背后的含义。此外，边缘计算在物联网数据处理中的应用也越来越广泛，通过在设备附近进行初步的数据处理和分析，可以显著降低数据传输的延迟和成本，提高系统的整体性能。

（四）物联网数据采集与智能处理的挑战与未来展望

尽管物联网数据采集与智能处理技术取得了显著进展，但在实际应用过程中仍面临诸多挑战。数据安全与隐私保护是首要问题，随着物联网设备的普及和数据量的激增，如何确保数据在传输和存储过程中的安全性成为亟待解决的问题。此外，数据质量和完整性也是不容忽视的问题，传感器可能会因环境因素或老化而产生误差，需要采取有效措施进行校准和冗余设计。面对这些挑战，未来物联网数据采集与智能处理技术将更加注重技术创新和标准化建设。一方面，通过引入更先进的传感器技术和无线通信技术，提高数据采集的精度和效率；另一方面，加强数据安全和隐私保护技术的研究与应用，确保数据在传输和存储过程中的安全性。同时，推动物联网标准的制定和完善，促进不同设备之间的互联互通和数据共享，为物联网的广泛应用奠定坚实基础。

综上所述，物联网数据采集技术与智能处理作为物联网应用的核心环节，其发展对于推动物联网技术的广泛应用和深化具有重要意义。未来，随着技术的不断进步和应用场景的不断拓展，物联网数据采集与智能处理技术将迎来更加广阔的发展前景。

二、数据预处理与清洗

（一）数据预处理的重要性

在物联网的广阔应用场景中，数据预处理作为数据处理的首要环节，其重要性不言而喻。物联网设备广泛分布于各种复杂环境中，采集到的数据往往具有多样性、异构性和不完整性等特点。这些数据中可能包含噪声、冗余、缺失或异常值，直接用于分析不仅会降低结果的准确性，还可能误导决策。因此，数据预处理成为连接原始数据采集与智能分析之间不可或缺的桥梁。通过数据预处理，可以消除数据中的噪声和冗余，填补缺失值，纠正异常数据，从而为后续的数据分析、挖掘和建模提供高质量的数据基础。

（二）数据清洗的关键步骤

数据清洗是数据预处理中的核心任务，主要包括数据去噪、数据补全、数据转换和数据标准化等步骤。数据去噪是指通过统计方法或机器学习算法识别并剔除数据中的噪声和异常值，确保数据的准确性和可靠性。数据补全则是针对数据中的缺失值进行填补，常用的方法包括均值填充、众数填充、插值法以及基于机器学习的预测填充等。数据转换则涉及数据格式的统一、数据类型的转换以及数据尺度的归一化或标准化，以便后续分析算法能够有效处理。数据标准化则是确保不同来源、不同量纲的数据能够在同一框架下进行比较和分析，是数据预处理中不可或缺的一环。

(三) 数据预处理对智能处理的影响

数据预处理的质量直接影响到后续智能处理的效果和效率。高质量的数据预处理能够显著提升数据分析的准确性和可靠性，降低误报率和漏报率，提高决策的科学性和有效性。同时，通过数据预处理去除冗余和噪声，可以减少数据处理的时间和空间复杂度，提高智能处理的速度和效率。此外，数据预处理还能够增强数据的可解释性，使得分析结果更加直观易懂，有助于非专业人士理解和应用。

随着物联网技术的不断发展和应用领域的不断拓展，数据预处理与清洗面临着新的机遇和挑战。一方面，物联网设备的智能化和网络化水平不断提高，数据采集的频率和规模将持续增长，对数据预处理和清洗的实时性、准确性和可扩展性提出了更高的要求。另一方面，随着大数据、人工智能等技术的深度融合，数据预处理与清洗将更加注重智能化和自动化。通过引入机器学习、深度学习等先进算法，可以实现对数据质量的智能评估和自动清洗，提高数据处理的效率和准确性。然而，这也对数据预处理算法的复杂性和鲁棒性提出了新的挑战。此外，数据安全和隐私保护问题也是数据预处理与清洗过程中不可忽视的重要方面。在享受物联网技术带来的便利的同时，必须采取有效措施确保数据在预处理和清洗过程中的安全性和隐私性。

综上所述，数据预处理与清洗在物联网数据采集与智能处理中发挥着至关重要的作用。通过科学的数据预处理和清洗方法，可以确保数据的准确性、完整性和一致性，为后续的智能处理提供坚实的数据基础。面对未来的挑战和机遇，我们需要不断创新和完善数据预处理与清洗技术，以更好地服务于物联网的广泛应用和深化发展。

三、智能处理算法设计

（一）智能处理算法设计的必要性

在物联网时代，海量数据的涌现对数据处理与分析能力提出了前所未有的要求。传统的数据处理方法已难以满足实时性、准确性和智能化的需求。因此，智能处理算法的设计成为物联网数据采集与智能处理中的关键环节。智能处理算法能够自动从海量数据中提取有价值的信息，发现数据之间的潜在关系，为决策提供科学依据。它不仅提高了数据处理的效率，还增强了数据处理的深度和广度，推动了物联网应用的智能化升级。

（二）智能处理算法的分类与特点

智能处理算法种类繁多，根据其功能和应用场景的不同，可以大致分为分类算法、聚类算法、关联规则挖掘算法、预测算法等几大类。分类算法通过对已知类别的数据进行学习，建立分类模型，对未知类别的数据进行预测。聚类算法则根据数据之间的相似性和差异性，将数据划分为不同的群组。关联规则挖掘算法旨在发现数据项之间的频繁模式和关联关系。预测算法则利用历史数据建立预测模型，对未来趋势进行预测。这些算法各具特色、相互补充，共同构成了智能处理算法体系。

（三）智能处理算法设计的关键点

在设计智能处理算法时，需要关注以下几个关键点：一是算法的选择与适应性。根据具体应用场景和数据特点，选择合适的算法，并确保算法能够适应数据的变化和噪声的干扰。二是算法的性能优化。通过算法优化，提高算法的运行速度和准确率，降低计算资源消耗。三是算法的鲁棒性。确保算法在面对异常数据或缺失数据时仍能保持稳定的性能。四是算法的可解释性。在保证算法性能的同时，尽量使算法的结果易于理解和解释，便于决策者和非专业人士使用。

随着物联网技术的不断发展和应用场景的不断拓展，智能处理算法将呈现以下发展趋势：一是算法的深度融合。不同算法之间的融合与互补将成为常态，通过多算法协同工作，提高数据处理的综合性能。二是算法的智能化与自动化。随着人工智能技术的不断发展，智能处理算法将更加智能化和自动化，能够自动学习、自适应调整和优化。三是算法的实时性与高效性。在物联网应用中，对数据处理的实时性和高效性要求越来越高，智能处理算法将更加注重实时响应和高效计算。四是算法的安全性与隐私保护。在享受物联网技术带来的便利的同时，必须确保数据在处理过程中的安全性和隐私性，智能处理算法将更加注重数据的安全防护和隐私保护。

综上所述，智能处理算法设计在物联网数据采集与智能处理中占据核心地位。通过科学合理地设计智能处理算法，可以实现对海量数据的高效、准确和智能化处理，为物联网应用的智能化升级提供有力支持。面对未来的发展趋势和挑战，我们需要不断创新和完善智能处理算法技术，以更好地服务于物联网的广泛应用和深化发展。

四、处理结果应用与反馈

（一）处理结果应用的多维度价值

物联网数据采集与智能处理的最终目的在于将处理结果转化为实际应用，以优化业务流程、提升运营效率、改善用户体验或创造新的商业价值。处理结果的应用具有多维度价值。首先，在工业自动化领域，智能处理算法能够分析设备运行状态，预测维护需求，实现预防性维护，减少停机时间，提高生产效率。其次，在智慧城市管理中，通过对交通流量、环境监测等数据的智能处理，可以优化资源配置，缓解城市拥堵，改善环境质量。此外，在医疗健康领域，物联网技术结合智能处理算法，能够实时监测患者生理指标，提供个性化医疗方案，提升医疗服务质量。这些应用不仅提升了行业的智能化水平，还为社会带来了显著的经济效益和社会效益。

（二）反馈机制的重要性

处理结果的应用并非孤立的过程，它需要与反馈机制紧密结合，形成闭环系统。反馈机制是评估处理结果有效性的重要手段，它能够将实际应用效果反馈给数据采集和智能处理环节，为后续的优化提供依据。通过反馈机制，我们可以发现处理结果中的不足和偏差，及时调整算法参数或优化数据处理流程，提高处理结果的准确性和可靠性。同时，反馈机制还有助于我们理解用户需求和市场变化，为产品迭代和创新提供方向。因此，建立有效的反馈机制是确保物联网数据采集与智能处理持续优化的关键。

（三）促进持续学习与优化

处理结果的应用与反馈机制共同构成了物联网数据采集与智能处理的闭环系统，这一系统具有强大的自我学习和优化能力。在实际应用中，系统不断接收用户反馈和市场信息，通过智能分析，发现存在的问题和改进空间。随后，系统根据反馈结果自动调整算法参数、优化数据处理流程或引入新的算法模型，以提高处理结果的准确性和实用性。这种持续学习与优化的过程使得物联网数据采集与智能处理系统能够不断适应新的应用场景和需求变化，保持其竞争力和生命力。

随着物联网技术的不断发展和普及，处理结果应用与反馈机制将呈现以下发展趋势：一是更加注重用户体验。未来物联网应用将更加注重用户体验的提升，通过智能处理算法优化用户界面、简化操作流程、提高响应速度等方式，为用户提供更加便捷、高效的服务。二是加强数据安全与隐私保护。随着物联网设备的广泛应用，数据安全与隐私保护问题日益凸显。未来物联网系统将更加注重数据加密、访问控制、隐私保护等安全措施的实施，确保用户数据的安全性和隐私性。三是推动跨领域融合创新。物联网技术将与人工智能、大数据、云计算等先进技术深度融合，推动跨领域融合创新，形成新的业态和商业模式。在这个过程中，处理结果应用与反馈机制将发挥更加重要的作用，促进新技术、新产品和新服务的不断涌现。

四是强化标准化与规范化建设。为了推动物联网技术的广泛应用和健康发展，需要加强标准化与规范化建设，制定统一的数据格式、通信协议和安全标准等规范，确保不同设备、系统和服务之间的互联互通和互操作性。这将为处理结果应用与反馈机制的顺畅运行提供有力保障。

第二节　传感器网络优化与故障预测

一、传感器网络架构设计

传感器网络架构的设计是实现高效、可靠数据传输与处理的基石。一个典型的传感器网络架构由多个分布式传感器节点、汇聚节点（sink 节点）、网关以及最终用户界面组成。这些组件通过无线通信技术相互连接，形成一个自组织的网络系统。

在架构设计中，首要考虑的是节点的部署策略。传感器节点通常大量部署在监测区域内，通过自组织方式形成网络。节点间的距离较短，常采用多跳（multi-hop）通信方式，确保信息能够高效传输至汇聚节点。汇聚节点作为网络的核心，负责收集来自各节点的数据，并通过网关与互联网相连，实现远程访问与控制。

此外，网络架构还需考虑通信协议的选择与优化。常用的无线协议（如 ZigBee、Bluetooth 等）在传感器网络中各有优劣。ZigBee 因其低功耗、高可靠性和自组织能力，成为家庭控制、环境监测等场景中的优选。在协议优化方面，多次跳跃路由协议的应用尤为重要，它能有效减少节点间的通信距离，提高数据传输效率。

传感器节点的硬件设计也是架构设计的关键部分。节点通常由传感单元、处理单元、通信单元和电源部分组成。传感单元负责采集环境信息，处理单元进行数据处理与决策，通信单元负责信息传输，电源部分则提供必要的能源支持。在硬件设计时，需平衡功耗、成本、性能等多方面因素，确保节点在复杂多变的环境中稳定运行。

二、网络性能评估与优化

网络性能评估与优化是确保传感器网络高效运行的重要手段。性能评估主要包括带宽、延迟、丢包率、吞吐量等关键指标的测量与分析。这些指标直接反映了网络的传输能力、稳定性与效率。

评估工具如 Ping 命令、Traceroute 工具、Wireshark 等，在性能评估中发挥着重要作用。Ping 命令用于测试网络延迟和丢包率，Traceroute 工具可追踪数据包路径，帮助识别网络瓶颈。Wireshark 则能深入分析网络流量，提供详细的协议分析与数据包捕获功能。

在性能优化方面，可采取多种策略。首先，通过扩容带宽提升网络设备的传输能力，满足日益增长的数据传输需求。其次，优化路由路径，选择最优路径以减少数据传输的延迟和丢包。此外，负载均衡策略也是提升网络性能的有效手段，通过合理分配服务器资源，平衡网络负载，提高整体性能。

随着技术的发展，自动化评估与 AI 优化将成为未来趋势。自动化评估工具能够显著提高评估效率与准确性，而 AI 技术则能通过机器学习自动识别和解决网络问题，进一步提升网络性能。

三、故障预测模型构建

故障预测模型是预防传感器网络故障、提高网络可靠性的关键。构建故障预测模型需要收集大量传感器数据，并进行预处理、特征提取与标注。数据预处理包括数据清洗、去噪和归一化等步骤，确保数据的准确性和一致性。特征提取则是从原始数据中提取出能有效描述设备状态和性能的特征参数。

在模型构建过程中，机器学习算法和深度学习算法是常用的建模方法。这些算法能够根据数据的特点和需求，自动学习设备故障与正常运行状态之间的复杂关系，构建出高精度的预测模型。模型的训练与优化是一个迭代过程，通过不断调整模型参数和结构来提高预测准确性。

故障预测模型的应用能够实现对设备故障的早期预警，为维护人员提供充足的时间采取预防措施。一旦预测到设备即将出现故障，系统可自动发送警报通知相关人员，以便他们及时介入处理，减少故障对网络运行的影响。

四、故障预警与应急处理

故障预警与应急处理是保障传感器网络稳定运行的最后一道防线。预警系统通过实时监测网络状态与性能参数，及时发现潜在故障风险，并向维护人员发出预警信号。这些预警信号有助于维护人员快速定位问题所在，并采取相应的预防措施。

应急处理方案是应对突发故障的重要措施。预案应涵盖不同类型故障的处理流程、应急队伍的组织与调配、备用设备及器材的准备等方面。在故障发生时，应急队伍应迅速响应，按照预案要求进行故障排查与处理。同时，还需建立与外部单位的联防机制，确保在紧急情况下能够获得及时有效的支援。

为了提升应急处理效率，还需加强应急队伍的培训与演练。通过定期举办应急演练活动，提高应急人员的技能水平与协同作战能力。此外，还需建立完善的故障处理记录与反馈机制，对每次故障处理过程进行总结分析，不断改进应急预案与处理方法。

第三节　智慧灌溉与施肥系统

智慧灌溉与施肥系统是现代农业发展的重要组成部分，它集成了传感器技术、物联网技术、大数据分析及人工智能算法，实现了对作物生长环境的精准监测与智能调控，从而显著提升农作物产量与质量，同时减少资源浪费与环境污染。以下从作物需水需肥规律分析、智能灌溉施肥算法设计、系统控制策略实现以及系统效果评估与调整四个方面进行深入探讨。

一、作物需水需肥规律分析

作物在不同生长阶段对水分和养分的需求存在显著差异，这是设计智慧灌溉与施肥系统的基础。首先，需通过科学研究与实践经验，详细分析各类作物的生理特性及其对水肥的依赖关系。这包括作物在不同生长周期（如发芽期、生长期、开花期、结果期等）的需水量、需肥种类及比例，以及环境因素（如温度、湿度、光照强度、土壤质地等）对作物水肥需求的影响。通过构建作物生长模型，利用大数据技术进行历史数据与实时数据的对比分析，可以精确预测作物当前及未来的水肥需求变化，为智能灌溉施肥提供科学依据。

二、智能灌溉施肥算法设计

智能灌溉施肥算法是系统的核心，它根据作物需水需肥规律及实时监测到的环境参数，动态调整灌溉与施肥策略。算法设计需综合考虑多个因素，如土壤湿度、作物蒸腾量、降雨量预测、养分浓度及土壤 pH 值等。通过引入机器学习或深度学习技术，系统能够自主学习并优化灌溉施肥方案，逐步达到精准调控的目标。例如，利用支持向量机（SVM）或随机森林（random forest）算法预测作物需水量，结合模糊控制理论制订灌溉计划；

采用神经网络算法分析作物对氮、磷、钾等养分的吸收效率，动态调整施肥比例与时机。此外，算法还需具备自适应能力，能够根据作物生长状况及环境变化自动调整策略，确保灌溉施肥的精准性与高效性。

三、系统控制策略实现

系统控制策略的实现依赖于先进的物联网技术与自动化控制设备。首先，通过部署在田间的各类传感器（如土壤湿度传感器、气象站、养分传感器等），实时采集并传输作物生长环境数据至云端或本地处理中心。其次，基于智能灌溉施肥算法的计算结果，生成具体的灌溉与施肥指令。这些指令通过无线通信技术（如 ZigBee、LoRa、NB-IoT 等）发送至田间智能控制终端，控制电磁阀、水泵、施肥机等设备执行相应的灌溉施肥操作。同时，系统还需具备远程监控与手动干预功能，以便在特殊情况下进行人工调整或应对突发状况。通过构建闭环控制系统，实现作物生长环境的精准调控与持续优化。

四、系统效果评估与调整

智慧灌溉与施肥系统的效果评估是持续改进与优化的关键环节。评估内容包括但不限于作物生长状况（如株高、叶面积、果实产量与品质）、水资源利用效率、养分利用率、经济效益及环境影响等方面。通过对比采用智慧灌溉施肥系统前后的各项指标，可以客观评价系统的实际效果。此外，还需收集用户反馈与系统运行数据，分析系统存在的问题与不足。基于评估结果，对智能灌溉施肥算法、系统控制策略及硬件设备进行相应的调整与优化。例如，根据作物生长表现调整灌溉施肥策略参数；根据设备故障率与性能表现优化设备选型与布局；根据用户需求与系统发展趋势引入新的功能模块或技术升级。通过持续的评估与调整，确保智慧灌溉与施肥系统始终保持高效、稳定、可靠的运行状态，为现代农业的可持续发展提供有力支撑。

第四节　农业环境监测与调控

一、环境监测指标确定

（一）土壤环境监测与调控

在农业环境监测与调控中，土壤环境是至关重要的一环。土壤不仅是农作物生长的基础，其质量还直接影响到农产品的产量、品质以及农田生态系统的健康。因此，科学合理地确定土壤环境监测指标，并实施有效的调控措施，对于保障农业生产的可持续发展具有重要意义。

1. 土壤 pH 值监测

土壤 pH 值是反映土壤酸碱度的重要指标，不同作物对土壤 pH 值有不同的适应性范围。因此，根据种植作物的种类和生长需求，制定合理的土壤 pH 值监测标准，是确保土壤酸碱度适宜、促进作物生长的关键。通过定期监测土壤 pH 值，可以及时发现土壤酸碱度失衡的问题，并采取相应的调控措施，如施用石灰或石膏等调节剂，以维持土壤 pH 值的稳定。

2. 养分含量监测

土壤中的氮、磷、钾等养分是作物生长所必需的营养元素。养分含量的高低直接影响到作物的生长速度和产量。因此，对土壤中的养分含量进行定期监测，是科学施肥、提高养分利用率的重要前提。通过监测结果，可以制定出合理的施肥方案，避免养分过剩或不足对作物生长造成的不利影响。同时，还可以采用测土配方施肥等先进技术，实现养分的精准供应，提高农业生产的效率和效益。

3. 有机物质监测

土壤中的有机物质是土壤肥力的重要组成部分，对土壤结构的改善、养分的保持和供应以及微生物的活性等方面都起着重要作用。因此，对土壤中的有机物质含量进行监测，是评估土壤肥力状况、制定土壤改良措施的重要依据。通过增加有机肥料的投入、减少化肥的使用量等措施，可以提高土壤中的有机物质含量，从而改善土壤结构、提高土壤肥力。

（二）水环境监测与调控

水环境是农业生产中不可或缺的资源之一。水质的好坏直接影响到农作物的生长和产量。因此，对农田灌溉水源和排水水质进行监测与调控，是保障农业生产用水安全、减少水体污染的重要措施。

1. 水质监测

定期对农田灌溉水源和排水水质进行监测，包括水中的pH值、溶解氧、氨氮、磷酸盐等指标的测定。通过监测结果，可以评估水质的好坏和污染程度，为制定合理的灌溉制度和排水方案提供依据。同时，还可以及时发现水质污染问题，并采取相应的治理措施，防止污染物质对农田生态系统造成破坏。

2. 农药残留监测

农药在农业生产中的广泛使用，虽然可以提高农作物的产量和品质，但也可能造成农药残留问题。农药残留不仅会对人体健康造成危害，还会对水体生态系统造成污染。因此，对农田土壤、农作物和水体中的农药残留进行监测，是保障农产品安全、减少水体污染的重要措施。通过制定合理的农药使用标准和监测方案，可以减少农药残留的发生和扩散。

3. 养分流失监测

农田排水中的养分流失是造成水体富营养化的重要原因之一。通过监测农田排水中的氮、磷等养分含量，可以评估养分流失的程度和趋势，为制定减少养分流失的措施提供依据。例如，可以采用精准施肥、改进灌溉方式等措施，减少养分的流失和浪费；同时，还可以加强农田排水系统的建设和管理，确保排水水质达到环保要求。

（三）空气环境监测与调控

空气环境是农业生产中不可忽视的重要因素之一。空气质量的好坏直接影响到农作物的光合作用和呼吸作用等生理过程。因此，对农田空气环境进行监测与调控，是保障农作物正常生长、提高农业生产效率的重要措施。

1. 农药飘散监测

农药在喷洒过程中可能会飘散到空气中，对空气质量造成污染。通过监测农田周围空气中农药的飘散情况，可以评估农药使用的合理性和安全性。同时，还可以制定相应的农药使用标准和监测方案，减少农药飘散对空气质量的影响。例如，可以采用低飘移性农药、优化农药喷洒方式等措施来减少农药飘散的发生。

2. 气候监测

气候是农作物生长的重要环境因素之一。通过监测农田所在地区的气候条件（如温度、湿度、光照等），可以了解农作物的生长需求和适应性范围。同时，还可以根据气候条件的变化及时调整农业生产措施（如灌溉、施肥、病虫害防治等），以应对不利气候条件对农作物生长的影响。例如，在高温干旱天气下可以采取灌溉降温、增加叶面喷肥等措施来保障农作物的正常生长。

3. 粉尘和气体排放监测

农业生产中的机械操作、农田管理等活动可能会产生粉尘和气体排放。这些排放物不仅会对空气质量造成污染，还可能对农作物生长造成不利影响。因此，对农业生产过程中的粉尘和气体排放进行监测和评估是必要的。通过制定相应的排放标准和控制措施来减少粉尘和气体的排放；同时加强农业生产设备的维护和保养工作以降低排放物的产生量。

二、实时监测与数据分析

（一）智能传感技术在农业环境监测中的应用

在农业环境监测领域，智能传感技术的引入极大地提升了监测的实时性和准确性。这些传感器能够持续、稳定地采集土壤、水体、空气等环境中的各项参数，如土壤湿度、pH值、养分含量，水体的溶解氧、温度、浊度，以及空气中的二氧化碳浓度、温湿度等，为农业生产提供了详尽的数据支持。

1. 高精度与多参数监测

现代智能传感器能够实现对多个环境参数的同时监测，且具备高精度和稳定性，确保了监测数据的可靠性。这种多参数监测能力使得农业生产者能够全面了解农田环境状况，为精准调控提供科学依据。

2. 远程监控与无线传输

结合物联网技术，智能传感器能够实现远程监控和无线数据传输。这意味着农业生产者无论身处何地，都能通过手机、电脑等终端设备实时查看农田环境数据，及时发现问题并采取措施。这种实时监控能力大大提高了农业生产的效率和响应速度。

3. 低功耗与长寿命

针对农业环境监测的特殊需求，智能传感器在设计上注重低功耗和长寿命。通过优化电路设计、采用低功耗芯片和节能算法等手段，降低了传感器的能耗，延长了其使用寿命。这降低了维护成本，也减少了因更换传感器而带来的不便。

（二）大数据分析在农业环境监测中的应用

随着农业环境监测数据的不断积累，大数据分析技术成为挖掘数据价值、指导农业生产的重要手段。通过对海量环境数据的深度分析，可以揭示环境变化的规律和趋势，为农业生产提供科学预测和决策支持。

1. 数据挖掘与模式识别

大数据分析技术能够运用各种算法对监测数据进行深入挖掘，识别出数据中的隐藏模式和关联规则。这些模式和规则有助于农业生产者理解环境变化的内在机制，预测未来环境状况，从而制定更加科学合理的生产计划和管理策略。

2. 预警与决策支持

基于大数据分析技术，可以建立农业环境监测预警系统。该系统能够实时监测环境数据，并与历史数据、专家知识库等进行比对分析，一旦发现异常或潜在风险，立即向农业生产者发出预警信号，并提供相应的决策建议。这有助于农业生产者及时采取措施应对环境变化，降低生产风险。

3. 优化资源配置与提高效益

大数据分析技术还能够帮助农业生产者优化资源配置，提高农业生产效益。通过对环境数据的分析，可以了解不同作物对环境的适应性和需求差异，从而合理调整种植结构、施肥方案、灌溉计划等，实现资源的精准投放和高效利用。

（三）云计算平台在农业环境监测中的应用

云计算平台为农业环境监测提供了强大的数据存储、处理和共享能力。通过构建云计算平台，可以实现农业环境监测数据的集中存储、统一管理和高效利用。

1. 海量数据存储

云计算平台具备强大的数据存储能力，能够轻松应对农业环境监测产生的大量数据。这些数据可以按照一定的规则进行分类、整理和存储，为后续的数据分析和应用提供便利。

2. 高效数据处理

云计算平台采用分布式计算技术，能够实现对海量数据的快速处理和分析。这种高效的数据处理能力使得农业生产者能够迅速获取所需的监测结果和分析报告，为决策提供更加及时和准确的信息支持。

3. 数据共享与协同

云计算平台还具备数据共享和协同工作的能力。不同用户之间可以通过云计算平台共享监测数据和分析结果，实现信息的互通有无和资源的优化配置。同时，多用户之间的协同工作也能够促进农业环境监测技术的不断创新和发展。

（四）人工智能在农业环境监测中的融合应用

人工智能技术的快速发展为农业环境监测带来了新的机遇和挑战。通过将人工智能技术融入农业环境监测领域，可以实现环境监测的智能化、自动化和精准化。

1. 智能识别与分类

人工智能技术中的图像识别和机器学习算法能够实现对农业环境监测数据的智能识别与分类。例如，通过无人机搭载的高清相机拍摄农田图像，并利用图像识别技术对图像中的作物、病虫害等进行自动识别和分类，从而为农业生产提供精准的监测信息。

2. 预测模型与优化算法

人工智能技术还能够构建预测模型和优化算法，对农业环境监测数据进行深度分析和挖掘。这些模型和算法能够预测未来环境变化趋势和作物生长状况，为农业生产提供科学预测和决策支持。同时，优化算法还能够根据实时监测数据动态调整农业生产参数和管理策略，实现农业生产的精准调控和优化管理。

3. 自动化控制与智能决策

随着人工智能技术的不断发展，农业环境监测系统将逐渐实现自动化控制和智能决策。通过集成智能传感器、大数据分析、云计算平台和人工智能算法等技术手段，构建智能化的农业环境监测与调控系统。该系统能够实时监测农田环境状况并自动调整农业生产参数和管理策略；同时根据监测数据预测未来环境变化趋势和作物生长状况，为农业生产提供科学的决策支持。这将大大提高农业生产的效率和效益，推动农业生产的智能化和现代化进程。

三、环境调控策略制定

（一）基于监测数据的精准调控策略

在农业环境监测与调控中，精准调控策略的制定依赖于实时监测数据的深度分析和科学解读。通过智能传感器、大数据分析及云计算平台等技术手段，我们可以获取到关于土壤、水体、空气等环境因素的详细数据，这些数据为精准调控提供了坚实的基础。

1. 土壤环境调控

基于土壤湿度、养分含量、pH 值等监测数据，可以制定精准的土壤管理策略。例如，在干旱季节，根据土壤湿度数据及时调整灌溉计划，避免过度或不足灌溉；在施肥方面，根据土壤养分含量数据，采用测土配方施肥技术，实现养分的精准投放，减少浪费并提升作物品质。

2. 水体环境调控

水体环境的调控主要关注水质保护和灌溉水管理。通过监测水体中的溶解氧、温度、浊度及重金属、农药残留等指标，可以及时发现水质问题并采取措施；在灌溉水管理方面，根据作物需水规律和土壤水分状况，制定合理的灌溉制度，提高水资源利用效率。

3. 空气环境调控

空气环境的调控旨在减少污染、改善空气质量。通过监测空气中的二氧化碳浓度、温湿度、粉尘及有害气体等指标，可以评估空气质量状况，并采取相应的调控措施。例如，在农药喷洒过程中，采用低漂移性农药和精准施药技术，减少农药飘散对空气的污染；在温室大棚中，通过调节通风量和温湿度，创造适宜作物生长的空气环境。

（二）环境因子的协同调控策略

农业环境是一个复杂的生态系统，各环境因子之间相互关联、相互影响。因此，在制定环境调控策略时，需要充分考虑各环境因子之间的协同作用，实现整体优化。

1. 土壤 – 水体协同调控

土壤和水体是农业生产中不可分割的两个部分。土壤中的养分和水分通过根系吸收进入作物体内，而作物生长过程中产生的废弃物和养分又通过排水系统回到水体中。因此，在制定环境调控策略时，需要综合考虑土壤和水体的关系，实现养分和水分的循环利用和高效管理。

2. 空气 – 温度协同调控

空气温度和湿度是影响作物生长的重要因素。在高温干旱季节，通过增加灌溉量、降低土壤温度等措施来降低空气温度；在低温多湿季节，则通过加强通风、提高土壤温度等措施来改善空气湿度和温度条件。这种空气 – 温度的协同调控有助于为作物创造适宜的生长环境。

3. 光照 – 作物生长协同调控

光照是作物进行光合作用的重要条件。通过监测光照强度和光照时间等参数，可以了解作物对光照的需求状况，并制定相应的调控策略。例如，在光照不足的情况下，可以采用补光措施来提高光照强度；在光照过强的情况下，则可以通过遮阳网等措施来降低光照强度，保护作物免受光害。

（三）生态友好型调控策略

随着环保意识的增强和可持续发展理念的深入人心，生态友好型调控策略在农业环境监测与调控中越来越受到重视。这种策略旨在通过减少化学投入品的使用、提高资源利用效率等方式来降低农业生产对环境的负面影响。

1. 减少化肥农药使用

通过推广测土配方施肥技术、生物防治技术等手段来减少化肥和农药的使用量。这些技术可以根据作物需求和土壤状况来精准投放养分和农药，降低浪费并减少对环境的污染。

2. 推广生态农业模式

生态农业是一种注重生态平衡和可持续发展的农业模式。通过推广轮作休耕、间作套种、生态农业园等模式来优化农业生态系统结构，提高生物多样性和生态系统稳定性。这些模式有助于减少化肥农药的使用量、提高土壤肥力并改善农产品品质。

3. 加强环境教育宣传

通过加强环境教育宣传来提高农民和公众的环保意识。通过举办培训班、发放宣传资料等方式来普及环保知识和生态农业技术，引导农民和公众积极参与环境保护和生态农业建设。

第五节　物联网平台下的农业云服务

一、云服务架构设计

（一）云服务架构在物联网平台下农业云服务的基础架构

云服务架构在物联网平台下的农业云服务中扮演着至关重要的角色。这一架构的基础是构建在云计算技术之上的，它允许农业数据、应用程序和服务在云端进行高效、灵活和安全的管理。首先，云服务架构通过提供虚拟化的计算资源、存储资源和网络资源，为农业物联网平台提供了强大的支撑。这些资源可以根据农业生产的实际需求进行动态调整，确保农业生产过程的连续性和稳定性。

在农业云服务的基础架构中，云计算平台是核心。云计算平台通过虚拟化技术，将计算资源、存储资源和网络资源封装成一个独立的虚拟环境，专门为农业物联网服务。这种架构的优势在于，它能够根据农业生产的季节性变化和需求波动灵活调整资源分配，提高资源利用效率。同时，云计算平台还具备高可用性和容错性，能够确保农业物联网服务的连续性和稳定性。

此外，云服务架构还通过多租户模型实现了资源的共享和隔离。多租户模型允许多个农业用户或组织共享相同的云资源，但彼此之间是隔离的，确保了数据的安全性和隐私性。这种模型不仅降低了农业用户的成本，还提高了资源的利用效率。

（二）云服务架构在农业物联网平台中的数据处理与分析

在农业物联网平台中，数据处理与分析是云服务架构的核心功能之一。通过物联网传感器和设备，农业生产过程中产生的海量数据被实时采集并传输到云端。云服务架构利用大数据分析和机器学习算法，对这些数据进行深度挖掘和智能分析，为农业生产提供科学依据和决策支持。

首先，云服务架构通过数据清洗和整合，提高了数据的质量和可用性。在数据采集过程中，由于传感器故障、网络延迟等原因，可能会产生错误、遗漏或重复的数据。云服务架构通过预处理手段，识别并纠正这些问题，确保数据的准确性和完整性。同时，云服务架构还将来自不同源、不同格式的数据进行融合，形成统一的数据集，便于后续的分析和处理。

其次，云服务架构通过构建数据分析模型，实现了对农业生产过程的智能决策和精准控制。数据分析模型包括统计分析模型、预测分析模型和关联分析模型等。这些模型利用历史数据和实时数据，对农业生产过程进行描述性统计、趋势预测和关联关系挖掘，为农业生产提供科学的决策依据。例如，通过预测分析模型，可以预测农作物的生长周期和产量，为农民提供精准的种植建议；通过关联分析模型，可以发现不同因素之间的相互影响，为优化生产流程提供参考。

（三）云服务架构在农业物联网平台中的安全与隐私保护

在农业物联网平台中，安全与隐私保护是云服务架构不可忽视的重要方面。由于农业生产过程中涉及大量敏感数据，如土地信息、作物生长数据、农产品交易信息等，这些数据的安全性和隐私性对农业用户来说至关重要。

云服务架构通过采用多种安全措施，确保农业物联网平台的数据安全和隐私保护。首先，云服务提供商通常采用业界认可的加密算法，如AES、RSA等，对敏感数据进行加密存储和传输。这些加密算法能够有效防止数据在存储和传输过程中被窃取或篡改。其次，云服务架构还建立了完善的用户权限管理体系，对不同用户分配不同的权限，实现细粒度的访问控制。通过基于角色的访问控制（RBAC）策略，可以简化权限管理并提高安全性。此外，云服务架构还部署了防火墙、入侵检测系统等安全设备，有效防止恶意攻击和入侵。

除了技术手段外，云服务架构还注重安全管理的规范化和制度化。通过制定严格的安全管理制度和操作规程，确保农业物联网平台的安全稳定运行。同时，云服务提供商还定期对系统进行安全漏洞扫描和评估，及时修复已知漏洞并提升系统的安全性能。

（四）云服务架构在农业物联网平台中的可扩展性与灵活性

在农业物联网平台中，可扩展性和灵活性是云服务架构的重要特点之一。随着农业生产的不断发展和技术的不断进步，农业用户对云服务的需求也在不断变化。因此，云服务架构需要具备强大的可扩展性和灵活性以适应这些变化。

首先，云服务架构通过采用弹性计算资源实现了可扩展性。弹性计算资源允许农业用户根据实际需求动态调整计算资源的使用量。当农业生产需求增加时，可以自动扩展计算资源以满足需求；当需求减少时则可以释放资源以降低成本。这种弹性计算资源的使用方式不仅提高了资源利用效率，还降低了农业用户的成本负担。

其次，云服务架构还通过模块化设计实现了灵活性。模块化设计将农业物联网平台分解为多个独立的模块，每个模块都具有特定的功能。这种设计方式使得农业用户可以根据实际需求灵活组合和配置不同的模块，以满足不同的应用场景。同时，模块化设计还便于升级和扩展。随着技术的不断进步和农业生产需求的变化，农业用户可以轻松地升级或扩展现有的模块以适应新的需求。

综上所述，云服务架构在物联网平台下的农业云服务中发挥着至关重要的作用。它不仅提供了强大的基础架构支撑，还实现了数据处理与分析、安全与隐私保护以及可扩展性与灵活性等多方面的功能。随着农业物联网技术的不断发展和应用范围的不断扩大，云服务架构将成为推动农业现代化发展的重要力量。

二、数据管理与分析服务

（一）数据集成与标准化在农业云服务中的重要性

在物联网平台下的农业云服务中，数据集成与标准化是数据管理与分析服务的基础。农业生产过程中产生的数据来自多个源头，包括传感器、无人机、卫星图像、气象站等，这些数据格式多样、质量参差不齐。因此，数据集成与标准化成为确保数据质量、提高数据利用效率的关键步骤。

数据集成涉及将来自不同源的数据整合到一个统一的数据平台中，以便进行后续的分析和处理。这要求云服务提供商具备强大的数据处理能力，能够处理大规模、高并发的数据流，并确保数据的准确性和完整性。同时，数据集成还需要考虑数据的实时性和可靠性，确保农业生产过程中的关键数据能够及时、准确地被捕获和传输。

数据标准化则是将不同格式、不同标准的数据转换为统一格式和标准的过程。这有助于消除数据孤岛,提高数据共享和交换的效率。在农业云服务中,数据标准化通常包括数据格式的统一、数据单位的统一、数据精度的统一等方面。通过数据标准化,可以使得不同来源的数据能够无缝对接,为后续的数据分析和应用提供便利。

(二) 实时数据分析在农业决策支持中的作用

实时数据分析是农业云服务中数据管理与分析服务的重要组成部分。在农业生产过程中,天气变化、病虫害发生、作物生长状况等因素都会对农业生产产生重要影响。因此,通过实时数据分析,可以及时发现农业生产中的问题,为农民提供及时的决策支持。

实时数据分析要求云服务提供商具备高效的数据处理能力和快速响应机制。通过实时收集和处理农业生产过程中的数据,云服务提供商可以运用大数据分析、机器学习等先进技术,对农业生产过程进行实时监测和预测。例如,通过监测土壤湿度、温度等环境参数,可以预测作物的生长状况,为农民提供灌溉、施肥等建议;通过监测病虫害发生情况,可以及时发现并采取措施进行防治。

实时数据分析的结果可以通过云端平台或移动端应用等方式呈现给农民,帮助他们更好地了解农业生产状况,做出科学的决策。这不仅提高了农业生产的效率和质量,还降低了农民的生产成本和风险。

(三) 数据可视化在农业云服务中的应用

数据可视化是农业云服务中数据管理与分析服务的一个重要方面。通过将复杂的数据以图表、图像等形式展现出来,数据可视化使得农民能够更直观地了解农业生产过程中的各种信息。

在农业云服务中,数据可视化通常包括地图展示、趋势分析、对比分析等多种形式。例如,通过地图展示,可以清晰地看到不同地块的作物分布、生长状况等信息;通过趋势分析,可以了解作物生长过程中的变化趋势和规律;通过对比分析,可以比较不同地块、不同作物之间的生产效益和成本差异。

数据可视化不仅提高了农民对农业生产过程的认知程度，还为他们提供了更加直观、便捷的决策支持工具。通过数据可视化，农民可以更加准确地判断农业生产中的问题和机遇，制定更加科学的生产计划和管理策略。

（四）数据隐私与安全在农业云服务中的保障措施

在物联网平台下的农业云服务中，数据隐私与安全是农民和云服务提供商共同关注的问题。农业生产过程中产生的数据涉及农民的个人隐私和商业秘密，因此需要采取一系列措施来保障数据的安全性和隐私性。

首先，云服务提供商需要建立完善的数据安全管理体系，包括数据加密、访问控制、安全审计等方面。通过数据加密技术，可以确保数据在传输和存储过程中的安全性；通过访问控制技术，可以限制不同用户对数据的访问权限；通过安全审计技术，可以记录数据的访问和使用情况，及时发现和处理安全问题。

其次，云服务提供商还需要加强数据隐私保护意识，尊重农民的个人隐私和商业秘密。在收集、使用和处理农民数据时，需要遵循相关法律法规和道德规范，确保数据的合法性和合规性。同时，还需要建立数据泄露应急响应机制，一旦发生数据泄露事件能够迅速响应并采取措施减少损失。

最后，农民也需要提高自我保护意识，加强对自己数据的保护和管理。例如，在使用云服务时需要注意账号和密码的安全；在分享数据时需要注意数据的敏感性和范围；在发现数据泄露等问题时需要及时向云服务提供商报告并寻求帮助。

综上所述，数据管理与分析服务在物联网平台下的农业云服务中发挥着至关重要的作用。通过数据集成与标准化、实时数据分析、数据可视化以及数据隐私与安全等方面的努力，可以确保农业生产过程中的数据得到充分利用和有效保护，为农业现代化发展提供有力支持。

三、应用开发与部署支持

（一）应用开发工具与平台的多样性

在物联网平台下的农业云服务中，应用开发与部署支持首先体现在提供丰富多样的开发工具和平台上。这些工具与平台旨在降低开发门槛，提高开发效率，使开发者能够快速构建出适应农业特定需求的应用程序。

一方面，云服务提供商通常会提供集成开发环境（IDE）、软件开发工具包（SDK）、API 接口等开发工具，帮助开发者在统一的平台上进行应用开发。这些工具不仅支持多种编程语言，还提供了丰富的库和模块，以便开发者能够轻松实现设备接入、数据处理、界面设计等功能。

另一方面，云服务提供商也会推出专门的农业应用开发平台，这些平台针对农业领域的特点进行了优化，提供了更加便捷的开发流程和丰富的农业应用模板。开发者可以在这些平台上快速搭建出作物监测、智能灌溉、病虫害预警等农业应用，大大缩短了开发周期和成本。

（二）快速部署与灵活扩展能力

农业云服务的应用开发与部署支持还体现在其快速部署与灵活扩展的能力上。由于农业生产具有季节性、地域性等特点，农业应用的需求也会随着时间和环境的变化而发生变化。因此，云服务提供商需要提供一种能够快速部署和灵活扩展的应用开发与部署方案。

在快速部署方面，云服务提供商通常提供了自动化部署工具和流程，开发者只需将开发好的应用程序上传到云端，即可通过简单的配置和测试，实现应用的快速上线。这种部署方式不仅提高了部署效率，还降低了部署过程中的人为错误和风险。

在灵活扩展方面，云服务提供商的弹性计算资源为应用的扩展提供了有力支持。当农业应用面临高并发访问或数据量激增等挑战时，云服务提供商可以根据实际需求动态调整计算资源的使用量，确保应用的稳定性和可用性。此外，云服务提供商还提供了自动伸缩、负载均衡等高级功能，帮助开发者更好地应对各种复杂的应用场景。

（三）应用维护与优化服务

应用开发与部署支持不仅仅局限于应用的初始构建和上线阶段，还包括了后续的应用维护与优化服务。在农业云服务中，这些服务对于确保应用的长期稳定运行和持续优化至关重要。

云服务提供商通常会提供全方位的应用维护服务，包括故障排查、性能监控、安全加固等方面。当农业应用出现故障或性能问题时，开发者可以通过云服务提供商提供的监控工具和报警系统及时发现并定位问题。同时，云服务提供商的专业团队也会提供远程技术支持和解决方案，帮助开发者快速恢复应用的正常运行。

在应用优化方面，云服务提供商会根据应用的实际运行情况和用户反馈，提供针对性的优化建议和改进方案。这些优化措施可能涉及代码优化、数据库调优、网络优化等多个方面，旨在提高应用的响应速度、降低资源消耗、提升用户体验。

（四）开发者社区与技术支持

应用开发与部署支持还离不开开发者社区与技术支持的支撑。开发者社区是一个汇聚了众多开发者、专家和爱好者的平台，他们在这里分享经验、交流技术、解决问题。在物联网平台下的农业云服务中，开发者社区为开发者提供了一个宝贵的学习和交流资源。

云服务提供商通常会建立和维护一个活跃的开发者社区，通过论坛、博客、在线教程等多种形式，为开发者提供学习资源和技术支持。在这个社区中，开发者可以了解最新的技术动态和最佳实践案例；可以与其他开发者共同探讨问题、分享经验；还可以获得来自云服务提供商的官方技术支持和解答。

此外，云服务提供商还会定期举办技术研讨会、培训活动等线下活动，为开发者提供更加深入的学习和交流机会。这些活动不仅有助于提升开发者的技术水平和综合素质，还有助于推动农业云服务的创新和发展。

四、用户服务与安全保障

（一）个性化用户服务体验

在物联网平台下的农业云服务中，提供个性化用户服务体验是提升用户满意度和忠诚度的关键。由于农业生产的多样性和复杂性，不同用户对于云服务的需求和期望也各不相同。因此，云服务提供商需要深入了解用户需求，定制个性化的服务方案，以满足用户的特定需求。

为了实现个性化用户服务体验，云服务提供商可以采取多种措施。首先，通过用户调研和数据分析，了解用户的生产规模、作物种类、管理需求等信息，为用户提供量身定制的服务方案。其次，建立用户反馈机制，及时收集用户的意见和建议，不断优化服务内容和流程。此外，还可以利用人工智能技术，为用户提供智能化的推荐和服务，如基于作物生长周期的管理建议、根据市场趋势的作物种植建议等。

在个性化用户服务体验方面，云服务提供商还需要注重用户体验的连续性和一致性。无论是通过网页端、移动端还是其他终端设备访问云服务，用户都能够享受到统一、便捷的服务体验。同时，云服务提供商还需要提供清晰、易懂的用户指南和操作手册，帮助用户快速上手并高效使用云服务。

（二）多层次安全保障体系

在物联网平台下的农业云服务中，安全保障是用户最为关心的问题之一。由于农业生产数据涉及用户隐私和商业秘密，一旦泄露或遭到攻击，将给用户带来严重的损失。因此，云服务提供商需要建立多层次的安全保障体系，确保用户数据的安全和隐私。

首先，云服务提供商需要采用先进的加密技术对用户数据进行加密存储和传输。通过加密技术，可以确保用户数据在传输过程中不被截获和篡改，在存储过程中不被非法访问和泄露。其次，云服务提供商需要建立完善的安全防护机制，包括防火墙、入侵检测、漏洞扫描等，以防范各种网络攻击和威胁。此外，云服务提供商还需要定期进行安全审计和风险评估，及时发现并修复潜在的安全漏洞和隐患。

在多层次安全保障体系中，云服务提供商还需要注重用户权限管理和数据访问控制。通过严格的用户认证和授权机制，确保只有合法用户才能访问和使用云服务。同时，对于敏感数据的访问和操作，需要进行严格的审批和记录，以防止数据被非法获取和使用。

（三）持续的技术支持与培训

为了确保用户能够充分利用物联网平台下的农业云服务，云服务提供商需要提供持续的技术支持与培训。由于农业用户可能缺乏专业的技术背景和经验，他们在使用云服务过程中可能会遇到各种问题和困难。因此，云服务提供商需要建立专业的技术支持团队，为用户提供及时、专业的技术支持和解答。

在技术支持方面，云服务提供商可以通过电话、邮件、在线聊天等多种渠道为用户提供技术支持服务。同时，还可以建立知识库和 FAQ 库等自助服务平台，帮助用户快速解决常见问题。此外，云服务提供商还可以定期举办技术培训和研讨会等活动，邀请专家和用户分享经验和技巧，提升用户的技术水平和应用能力。

（四）灵活的计费与合作模式

在物联网平台下的农业云服务中，灵活的计费与合作模式对于吸引和留住用户至关重要。由于农业生产具有季节性、周期性等特点，用户对云服务的需求也会随着时间和环境的变化而发生变化。因此，云服务提供商需要提供灵活的计费方式，以满足用户的不同需求。

在计费方式方面，云服务提供商可以采用按需计费、包月计费、阶梯计费等多种方式。按需计费可以根据用户实际使用的资源量进行计费，避免用户浪费资源；包月计费则适用于长期稳定使用云服务的用户；阶梯计费则可以根据用户的使用量给予一定的优惠和折扣。此外，云服务提供商还可以根据用户的特殊需求定制个性化的计费方案。

在合作模式方面，云服务提供商可以与农业合作社、农机厂商、农资供应商等合作伙伴建立战略合作关系，共同为农业用户提供更加全面、优质的服务。通过合作模式创新，可以实现资源共享、优势互补和互利共赢，推动农业云服务的快速发展和普及。

第六章 机器学习算法在农业决策支持中的实践

第一节 决策树与随机森林在农业风险评估中的应用

一、风险评估指标体系构建

在农业风险评估中，构建全面而有效的风险评估指标体系是首要任务。这一体系旨在涵盖影响农业生产的各种不确定性因素，如气候条件、土壤质量、作物品种、市场需求、政策环境等。通过收集和分析这些因素的历史数据和实时信息，可以形成一套科学、系统的评估标准。

首先，气候条件是影响农业生产的核心因素之一，包括降水量、温度、光照等。这些指标直接影响作物的生长周期、产量和质量。因此，在构建指标体系时，必须充分考虑气候因素的多样性和复杂性。

其次，土壤质量也是不可忽视的重要因素。土壤肥力、酸碱度、含水量等直接影响作物的根系发育和养分吸收。通过土壤检测和分析，可以评估土壤的健康状况，为农业生产提供科学依据。

此外，作物品种的选择、市场需求的波动以及政策环境的变化等因素同样重要。作物品种需适应当地气候和土壤条件，市场需求则决定了农产品的销售价格和渠道。政策环境则可能带来种植补贴、税收优惠等利好因素，也可能带来环保要求、土地使用限制等挑战。

在构建风险评估指标体系时，还需注意指标的可量化性和可操作性。通过合理的数据收集和处理方法，将定性指标转化为定量指标，以便进行后续的分析和评估。

二、决策树模型训练与评估

决策树作为一种直观且易于理解的分类与回归方法，在农业风险评估中具有广泛应用。其通过特征的选择和划分来构建一棵树形分类模型，每个内部节点代表一个特征属性，每条分支代表这个特征属性上的一个取值，每个叶子节点代表一种类别或预测结果。

在决策树模型训练过程中，首先需要收集并整理农业风险评估相关的数据集。这些数据集应包含足够多的样本和特征信息，以覆盖农业生产中的各种不确定性因素。然后，利用决策树算法对数据进行训练，通过递归的方式构建决策树模型。

在模型评估阶段，需要采用交叉验证、网格搜索等方法来确定最佳的参数组合，以提高模型的预测精度和泛化能力。同时，还需关注模型的过度拟合问题，通过剪枝等方法来简化模型结构，避免过度拟合训练数据。

决策树模型在农业风险评估中的优势在于其易于理解和解释性强的特点。通过查看决策树的结构，可以清晰地了解哪些因素对农业生产风险具有重要影响，从而为农民提供科学的种植建议和风险管理策略。

三、随机森林集成学习

随机森林是一种集成学习方法，通过将多个决策树组合在一起形成一个强大的分类器或回归器，以提高模型的准确性和稳定性。在农业风险评估中，随机森林模型能够处理高维数据和大规模数据集，并对噪声和异常值具有较好的容错能力。

随机森林的构建过程包括随机选择部分训练样本集和特征子集，然后构建多个决策树。每个决策树都是独立训练的，并在选择划分节点时引入随机性，使得每棵树都有所不同。最终的分类或回归结果是由多棵树的结果综合得到的。

随机森林模型在农业风险评估中的应用，可以进一步提高风险评估的准确性和可靠性。通过引入随机性来降低过拟合的风险，并增加模型的多样性，随机森林能够更好地处理复杂的数据集和不确定性因素。同时，随机森林还可以提供每个特征的重要性度量，用于解释模型的预测结果和识别关键风险因素。

四、风险评估结果应用

农业风险评估的结果对于指导农业生产、优化资源配置、降低风险损失具有重要意义。根据风险评估结果，农民可以制定科学的种植计划和风险管理策略，以提高农作物的产量和质量，降低生产成本和市场风险。

首先，风险评估结果可以用于指导作物品种的选择和种植布局。通过分析不同作物品种在不同气候和土壤条件下的生长表现和风险水平，农民可以选择适宜的作物品种和种植区域，以提高农作物的适应性和抗风险能力。

其次，风险评估结果还可以用于指导农业生产过程中的资源配置和管理。例如，在灌溉、施肥、病虫害防治等方面，农民可以根据风险评估结果制定合理的资源投入计划和管理措施，以提高资源利用效率和降低生产成本。

此外，风险评估结果还可以为政府和相关机构提供决策支持。政府可以根据风险评估结果制定农业保险政策、补贴政策等，以降低农民的风险损失和促进农业可持续发展。同时，相关机构也可以利用风险评估结果开展农业灾害预警和应急管理工作，以减轻灾害对农业生产的影响。

综上所述，决策树与随机森林在农业风险评估中具有重要应用价值。通过构建全面有效的风险评估指标体系、训练与评估决策树模型、应用随机森林集成学习方法以及合理利用风险评估结果,可以为农业生产提供科学的指导和支持,促进农业可持续发展。

第二节 支持向量机在农业分类问题中的应用

一、分类问题定义与数据集准备

在农业领域,分类问题广泛存在,如作物种类识别、病虫害分类、土壤类型划分等。这些分类问题的解决对于提高农业生产效率、优化资源配置、保障农产品质量具有重要意义。支持向量机(SVM)作为一种强大的分类算法,因其在高维空间中寻找最优分类边界的能力而备受青睐。

首先,明确分类问题是关键。以作物种类识别为例,需要定义清晰的分类目标,即识别出哪些作物种类以及它们的特征属性。这些特征属性可能包括作物的形态、颜色、纹理、生长周期等。

其次,数据集的准备是分类任务的基础。数据集应包含足够多的样本,以覆盖各种可能的分类情况。每个样本都应包含完整的特征信息和对应的类别标签。在农业分类问题中,数据集的来源可能包括田间实验数据、遥感图像数据、实验室分析结果等。为了确保数据的准确性和可靠性,还需进行数据预处理工作,如数据清洗、特征选择、归一化等。

二、支持向量机模型选择与训练

在选择了合适的分类问题和数据集后,接下来是支持向量机模型的选择与训练。支持向量机模型的核心在于找到一个最优的分类超平面,使得不同类别的样本在该平面上的间隔最大化。这一特性使得SVM在处理小样本、高维数据和非线性分类问题时表现出色。

在模型选择方面，需要考虑核函数的选择、惩罚参数 C 的设置等。核函数决定了 SVM 在高维空间中的映射方式，常用的核函数包括线性核、多项式核、径向基函数（RBF）核等。惩罚参数 C 则用于控制模型的复杂度和泛化能力之间的平衡。

在模型训练过程中，需要利用训练数据集对 SVM 模型进行训练，通过优化算法找到最优的分类超平面。在训练过程中，还需关注模型的收敛情况和训练时间，以确保模型的有效性和效率。

三、模型性能评估与改进

模型训练完成后，需要对模型的性能进行评估。评估的目的是了解模型在未知数据上的表现能力，即模型的泛化能力。常用的评估指标包括准确率、召回率、F1 分数、混淆矩阵等。

在评估过程中，可以采用交叉验证的方法来提高评估结果的可靠性。交叉验证通过将数据集划分为多个子集，并轮流使用每个子集作为测试集，其余子集作为训练集，来评估模型在不同数据集上的表现。

如果模型性能不满足要求，需要进行改进。改进的方法可能包括调整模型参数、更换核函数、增加特征维度等。此外，还可以考虑使用集成学习方法（如 SVM Bagging、SVM Boosting 等）来进一步提高模型的分类性能。

四、分类结果应用与反馈

分类结果的应用是支持向量机在农业分类问题中的最终目的。以作物种类识别为例，分类结果可以用于指导农业生产中的种植决策、作物管理、病虫害防治等方面。通过准确识别作物种类，农民可以选择适宜的种植方式和管理措施，以提高农作物的产量和质量。

同时，分类结果的反馈也是非常重要的。通过收集和分析分类结果的反馈信息，可以了解模型在实际应用中的表现情况，发现存在的问题和不足。这些反馈信息可以用于进一步优化模型，提高模型的分类性能和泛化能力。

此外，分类结果的应用还可以促进农业信息化和智能化的发展。通过将分类结果与物联网、大数据、人工智能等技术相结合，可以实现农业生产的精准管理和智能决策，推动农业向现代化、智能化方向发展。

综上所述，支持向量机在农业分类问题中具有广泛的应用前景和重要的实用价值。通过明确分类问题、准备数据集、选择并训练SVM模型、评估模型性能以及应用分类结果并收集反馈，可以构建一个高效、准确、可靠的农业分类系统，为农业生产提供有力的技术支持。

第三节　强化学习在农业自动化控制中的探索

一、自动化控制场景分析

在农业领域，自动化控制技术的引入极大地提升了生产效率与资源利用率，从灌溉系统到温室环境管理，再到精准农业作业，自动化控制无处不在。这些场景复杂多变，涉及多个相互影响的因素，如土壤湿度、光照强度、温度、作物生长阶段等，要求控制系统具备高度的灵活性和适应性。

首先，灌溉系统的自动化控制是农业自动化的基础。传统的灌溉方式往往基于经验或固定时间表，难以精准满足作物不同生长阶段的需求。通过强化学习，控制系统可以学习如何根据土壤湿度、作物类型、天气预测等因素动态调整灌溉策略，实现节水高效的目标。

其次，温室环境管理是另一个重要的自动化控制场景。温室内的温度、湿度、光照等条件对作物生长至关重要。强化学习算法能够根据作物生长模型和实时环境数据，自动调整温室内的环境参数，创造最适宜的生长条件，从而提高作物产量和品质。

此外，精准农业作业也是自动化控制的重要应用领域。通过集成GPS、传感器、机器视觉等先进技术，农业机械可以实现精准播种、施肥、除草、收割等操作。强化学习可以在此基础上进一步优化作业路径、速度和深度等参数，提高作业效率和精度，同时减少对环境的负面影响。

二、强化学习算法设计

针对农业自动化控制的复杂性和多样性，设计合适的强化学习算法是关键。强化学习通过让智能体在环境中不断探索和学习，以最大化累积奖励为目标，逐步优化其行为策略。

在算法设计过程中，首先需要明确状态空间、动作空间和奖励函数。状态空间应包含影响控制决策的所有关键因素，如环境参数、作物生长状态等；动作空间则定义了智能体可以采取的所有可能操作；奖励函数则用于评价智能体每次操作的优劣，引导其向更优策略进化。

其次，选择合适的强化学习框架和算法也很重要。对于连续控制问题，可以考虑使用深度确定性策略梯度（DDPG）、双深度Q网络（DDQN）等算法；对于高维状态空间和复杂决策过程，深度强化学习（DRL）结合卷积神经网络（CNN）或循环神经网络（RNN）等深度学习模型可以发挥巨大作用。

三、控制策略训练与优化

控制策略的训练与优化是强化学习在农业自动化控制中的核心环节。在训练过程中，智能体通过不断与环境交互，积累经验和知识，逐步优化其行为策略。

为了提高训练效率和质量，可以采用多种策略。例如，利用先验知识初始化智能体的策略和参数，可以加速学习过程；采用模拟环境进行预训练，可以避免直接在真实环境中进行试错带来的风险和成本；引入并行计算和多智能体协作学习技术，可以进一步提升训练速度和效果。

此外，控制策略的优化也是必不可少的。通过定期评估策略性能，并根据评估结果调整算法参数、优化网络结构或引入新的学习机制，可以不断提升控制策略的适应性和鲁棒性。

四、自动化控制效果评估

自动化控制效果的评估是检验强化学习算法在农业自动化控制中应用成效的关键步骤。评估内容应包括控制精度、稳定性、效率、资源利用率等多个方面。

首先，控制精度是衡量自动化控制系统性能的重要指标。通过对比实际控制效果与预期目标之间的差异，可以评估控制策略的准确性和可靠性。

其次，稳定性也是不可忽视的评估因素。在农业生产中，环境条件和作物生长状态可能随时发生变化。一个优秀的自动化控制系统应具备较强的抗干扰能力和鲁棒性，能够在复杂多变的环境中保持稳定的控制效果。

最后，效率和资源利用率也是评估自动化控制效果的重要指标。通过优化控制策略，可以降低能耗、减少人力投入、提高作物产量和品质，从而实现农业生产的可持续发展。

综上所述，强化学习在农业自动化控制中的探索具有重要意义。通过深入分析自动化控制场景、精心设计强化学习算法、有效训练与优化控制策略以及全面评估自动化控制效果，可以推动农业自动化控制技术的不断创新和发展，为现代农业的繁荣贡献力量。

第四节 贝叶斯网络在农业决策分析中的构建

一、决策问题定义与节点确定

在农业领域，决策分析涉及众多复杂因素，如气候变化、土壤条件、作物种类、市场需求、政策导向等，这些因素之间相互关联、相互影响，共同作用于农业生产的各个环节。因此，在构建贝叶斯网络以支持农业决策分析之前，首要任务是明确决策问题的具体范畴和目标，以及确定影响决策的关键因素作为网络中的节点。

决策问题的定义应清晰界定所需解决的核心问题，如作物种植结构优化、病虫害防控策略制定、农业资源高效配置等。随后，根据决策问题的性质和要求，识别并筛选出对决策结果具有显著影响的关键因素。这些关键因素可能包括但不限于作物生长周期、土壤肥力、灌溉条件、气候条件、市场价格、政策补贴等。

在节点确定阶段，需要为每个关键因素分配一个明确的网络节点，并定义节点之间的潜在关系。节点的选择应基于数据的可获得性、节点的代表性和对决策问题的重要性。通过构建这样的节点集合，贝叶斯网络能够全面反映农业决策系统中各因素之间的复杂联系。

二、贝叶斯网络结构学习

贝叶斯网络结构学习是构建贝叶斯网络的核心环节之一，其目的在于确定网络中各节点之间的有向无环图（DAG）结构。这一结构不仅反映了节点之间的因果关系，还决定了网络中信息的流动方向。

在农业决策分析的背景下，贝叶斯网络结构学习通常依赖于专家知识、历史数据和统计方法。专家知识可以为网络结构的初步构建提供重要指导，特别是在缺乏充足数据支持的情况下。然而，专家知识往往具有一定的主观性和局限性，因此需要结合历史数据和统计方法进行验证和优化。

常用的贝叶斯网络结构学习方法包括基于评分搜索的方法、基于约束的方法以及它们的混合方法。这些方法通过评估不同网络结构的拟合优度、复杂度等指标，选择最优的网络结构。在农业决策分析中，应综合考虑网络结构的可解释性、预测准确性和计算效率等因素，选择最适合问题特点的结构学习方法。

三、参数学习与推理算法

贝叶斯网络的参数学习是指在给定网络结构的前提下，估计网络中各节点条件概率表（CPT）的过程。这些条件概率表反映了节点之间因果关系的强度和方向，是进行贝叶斯推理的基础。

在农业决策分析中，参数学习通常依赖于历史数据和专家经验。通过收集和分析大量的历史数据，可以估计出各节点在不同状态下的条件概率分布。然而，由于农业系统的复杂性和不确定性，历史数据往往存在噪声和缺失值等问题，因此需要采用适当的数据预处理和参数估计方法。

推理算法是贝叶斯网络在农业决策分析中发挥作用的关键。通过推理算法，可以计算网络中任意节点在给定证据下的后验概率分布，从而支持决策分析。常用的推理算法包括变量消除法、信念传播算法、线性时间近似推理等。在农业决策分析中，应根据问题的具体要求和数据的特性选择合适的推理算法。

四、决策分析与支持

构建完成贝叶斯网络后，即可利用其进行农业决策分析并提供决策支持。通过输入相关的证据信息（如当前的气候条件、土壤状况、作物生长情况等），贝叶斯网络能够自动计算出各决策选项的概率分布和期望效用等指标，为决策者提供科学的决策依据。

在决策分析过程中，可以利用贝叶斯网络的敏感性分析功能来评估不同因素对决策结果的影响程度。通过调整网络中某些节点的概率分布或改变网络结构中的某些连接关系，可以观察到决策结果的变化情况，从而识别出影响决策的关键因素和潜在风险点。

此外，贝叶斯网络还支持多目标决策分析和不确定性管理。在农业决策中，往往需要考虑多个相互冲突的目标（如提高产量与降低成本）和不确定性的存在（如气候变化的不确定性）。贝叶斯网络能够综合考虑这些因素之间的复杂关系，为决策者提供全面、灵活的决策支持方案。

综上所述，贝叶斯网络在农业决策分析中的构建是一个系统而复杂的过程，需要明确决策问题、确定节点、学习网络结构、估计参数以及运用推理算法进行决策分析。通过构建和应用贝叶斯网络，可以为农业决策提供科学、可靠的依据和支持。

第五节　综合决策支持系统设计与实现

一、系统需求分析与架构设计

在农业领域，面对复杂多变的决策环境，设计并实现一个高效、全面的综合决策支持系统（DSS）显得尤为重要。系统需求分析是项目启动的首要任务，它要求深入理解农业决策过程中的核心问题、用户群体的具体需求以及系统应达到的功能和性能目标。

在需求分析阶段，需广泛收集来自农业专家、政策制定者、农户等不同角色的意见与建议，明确系统需解决的关键问题，如作物种植结构优化、病虫害预警、资源高效配置等。同时，还需考虑系统的可扩展性、易用性、数据安全性等非功能性需求。

基于需求分析结果，进行系统的架构设计。架构设计应遵循模块化、层次化原则，将系统划分为多个相对独立的模块或子系统，如数据采集与处理模块、决策分析模块、用户交互界面等。各模块之间通过定义清晰的接口进行通信与协作，确保系统的整体性和一致性。

此外，架构设计还需考虑系统的技术选型、数据流程、算法集成策略等关键因素。选择适合农业决策特点的技术框架和工具，设计高效的数据处理流程，以及制定合理的算法集成方案，是确保系统成功实施的关键。

二、算法集成与模块开发

在综合决策支持系统中，算法集成是核心环节之一。根据系统需求分析和架构设计的结果，将多种决策分析算法（如贝叶斯网络、强化学习、机器学习等）集成到系统中，形成强大的决策分析能力。

在算法集成过程中，需关注算法之间的兼容性、互补性以及数据接口的标准化。通过设计统一的算法调用接口和数据交换格式，实现不同算法之间的无缝集成与协同工作。同时，还需考虑算法的优化与调整策略，以适应农业决策过程中可能出现的各种变化和挑战。

模块开发是系统实现的重要步骤。根据架构设计，将系统划分为多个模块进行并行开发。每个模块负责实现特定的功能，如数据采集与处理、模型训练与预测、决策结果展示等。在开发过程中，需遵循软件开发的最佳实践，注重代码的可读性、可维护性和可扩展性。

此外，还需关注模块之间的交互与协作机制。通过定义清晰的接口协议和消息传递机制，确保各模块能够顺畅地交换数据和指令，共同完成系统的整体功能。

三、系统测试与优化

系统测试是确保综合决策支持系统质量和可靠性的重要手段。在系统开发完成后，需进行全面的测试工作，包括单元测试、集成测试、系统测试等多个阶段。

单元测试针对系统中的每个模块进行独立测试,验证模块功能的正确性和完整性。集成测试则关注模块之间的交互与协作情况,确保系统整体功能的正确实现。系统测试则模拟真实的使用场景,对系统的性能、稳定性、安全性等方面进行全面评估。

在测试过程中,需及时记录并处理发现的问题,通过迭代优化不断改进系统性能。针对性能瓶颈和错误高发区域进行深入分析,采用合适的优化策略进行改进。同时,还需关注系统的可维护性和可扩展性,为未来的功能升级和扩展预留足够的空间。

四、用户培训与系统应用推广

用户培训是确保综合决策支持系统有效应用的关键环节。通过组织专业的培训课程和实操演练活动,帮助用户熟悉系统的操作流程和功能特点,提高用户的操作技能和决策分析能力。

培训过程中,需根据用户群体的特点和需求定制培训内容,采用灵活多样的教学方式和手段,确保培训效果的最大化。同时,还需建立完善的用户反馈机制,及时收集并处理用户的意见和建议,不断优化系统的用户体验和功能设计。

系统应用推广是系统生命周期中的重要阶段。通过制定科学的推广计划和策略,利用多种渠道和方式宣传系统的优势和应用效果,吸引更多的用户群体关注和使用系统。在推广过程中,需注重与农业部门、科研机构、高校等单位的合作与交流,共同推动农业决策支持技术的普及和发展。

此外,还需关注系统的持续更新和维护工作。随着农业技术的不断进步和决策需求的不断变化,系统需不断引入新的算法和技术手段进行升级和优化,以保持其竞争力和生命力。

第七章 深度学习优化算法与农业模型训练

第一节 优化算法基础与比较

一、优化算法原理概述

（一）优化算法的基本概念

优化算法是一类专门设计用于寻找问题最优解的方法和程序。这些算法的目标是在给定的约束条件下，通过迭代和概率控制等手段，寻找能够使某个目标函数达到最优（最大化或最小化）的解。优化算法广泛应用于各种领域，如机器学习、运筹学、经济预测和工程设计等，它们是解决实际优化问题的关键工具。

优化算法的设计考虑了问题的复杂性、解的精确性要求、计算资源的可用性以及求解时间的限制。这些算法可以是确定性的，也可以是概率性的。确定性算法总是产生相同的结果，而概率性算法则引入随机性，以在解的搜索过程中增加多样性。

（二）优化算法的工作原理

优化算法的工作原理主要基于迭代和概率控制。迭代是优化算法的核心，通过反复执行相同的步骤来逐步逼近最优解。在每次迭代中，算法会根据当前解的情况进行调整，以期望在下一次迭代中获得更好的解。

概率控制则是为了增加算法的不确定性，避免过早陷入局部最优解。通过引入随机性，算法能够在搜索空间中更广泛地探索可能的解，从而有可能找到全局最优解。

此外，优化算法还利用了目标函数的梯度信息（对于可导函数）来指导搜索方向。梯度指示了函数值增加或减少最快的方向，因此沿着梯度的反方向进行搜索通常能够更快地找到最优解。

（三）优化算法的类型及其特点

优化算法有多种类型，如梯度下降法、拟牛顿法、遗传算法和粒子群算法等。这些算法各有特点，适用于不同类型的问题。

例如，梯度下降法是一种简单而有效的优化算法，它通过计算目标函数的梯度来更新解的方向和步长。拟牛顿法则是为了近似牛顿法中的 Hessian 矩阵而设计的，以减少计算量并提高效率。遗传算法模拟了生物进化过程中的自然选择和遗传机制，适用于解决大规模和复杂的优化问题。粒子群算法则是一种基于群体智能的优化技术，通过模拟鸟群觅食的行为来寻找最优解。

优化算法在实际应用中发挥着重要作用。在机器学习中，它们被用于调整模型参数以提高预测精度；在运筹学中，它们被用于解决资源分配和路径规划等问题；在经济预测中，它们被用于估计经济模型的参数以准确预测市场走势；在工程设计中，它们被用于优化产品设计和提高生产效率。随着技术的发展和计算能力的提高，优化算法在未来将发挥更加重要的作用。一方面，随着问题规模的增大和复杂性的增加，需要更高效的优化算法来解决实际问题；另一方面，随着大数据和人工智能技术的快速发展，优化算法将与这些技术相结合，为各个领域提供更智能、更高效的解决方案。

二、经典优化算法介绍

(一) 梯度下降法

梯度下降法是优化算法中最为经典和广泛使用的一种。其核心思想是通过计算目标函数的梯度,沿着梯度的反方向逐步调整参数,从而达到最小化目标函数的目的。这种方法直观且易于实现,因此在机器学习和深度学习中被广泛应用。

在梯度下降法中,每次迭代都会根据当前的梯度信息更新参数。这种更新可以是全局的,也可以是针对每个参数的。全局更新意味着所有参数都沿着同一方向进行调整,而针对每个参数的更新则更加精细,可以根据每个参数的梯度情况进行个别调整。

梯度下降法的关键在于学习率的选择。过大的学习率可能导致算法在最优解附近震荡而无法收敛,而过小的学习率则可能导致算法收敛速度过慢。因此,在实际应用中,需要根据问题的具体情况和学习过程的动态变化来动态调整学习率。

此外,梯度下降法还面临着一些挑战,如局部最优解问题。在某些情况下,算法可能会陷入局部最优解而非全局最优解。为了解决这一问题,研究者们提出了许多改进方法,如随机梯度下降、小批量梯度下降等。

(二) 牛顿法与拟牛顿法

牛顿法是一种基于二阶导数的优化算法,它通过计算目标函数的 Hessian 矩阵来寻找最优解。与梯度下降法相比,牛顿法具有更快的收敛速度和更高的精度。然而,计算 Hessian 矩阵需要较大的计算量,因此在某些情况下可能并不实用。

为了解决这个问题,研究者们提出了拟牛顿法。拟牛顿法通过构造一个近似 Hessian 矩阵的正定矩阵来模拟牛顿法的优化过程。这种方法既保留了牛顿法的优点,又降低了计算复杂度,因此在实际应用中得到了广泛的关注和应用。

拟牛顿法的关键在于如何构造一个合适的近似 Hessian 矩阵。常见的拟牛顿法包括 DFP 算法、BFGS 算法等。这些方法通过迭代更新近似 Hessian 矩阵，从而逐步逼近最优解。与牛顿法相比，拟牛顿法在处理大规模优化问题时具有更高的效率和稳定性。

（三）共轭梯度法

共轭梯度法是一种介于梯度下降法和牛顿法之间的优化算法。它既利用了梯度信息，又通过共轭方向来加速收敛速度。这种方法在处理大规模线性系统和非线性优化问题时表现出色。

共轭梯度法的核心思想是利用前一次迭代的搜索方向和梯度信息来构造当前迭代的搜索方向。这种方法在每次迭代中都会生成一个与之前所有搜索方向共轭的新方向，从而确保在有限步内达到最优解。

共轭梯度法的优点在于其较低的计算复杂度和较快的收敛速度。然而，它也存在一些局限性，如对初始点的选择和问题的性质较为敏感。因此，在实际应用中需要针对具体问题进行适当的调整和改进。

（四）内点法

内点法是一种专门用于解决约束优化问题的方法。它通过引入拉格朗日乘子和罚函数来将有约束优化问题转化为无约束优化问题，并利用牛顿法或拟牛顿法进行求解。这种方法在处理具有线性或非线性约束的优化问题时具有显著的优势。

内点法的关键在于如何构造合适的拉格朗日乘子和罚函数。拉格朗日乘子用于将约束条件引入目标函数中，而罚函数则用于对违反约束的情况进行惩罚。通过不断调整拉格朗日乘子和罚函数的参数，内点法可以逐步逼近最优解。

内点法在处理复杂约束优化问题时表现出色，但其计算复杂度相对较高。因此，在实际应用中需要权衡计算效率和求解精度之间的关系。此外，内点法还需要针对具体问题进行适当的调整和改进,以提高其在实际应用中的性能。

三、农业模型训练中的算法选择

(一)农业模型训练的重要性及算法选择的依据

农业模型训练在现代农业中具有举足轻重的地位。通过构建准确的农业模型,我们能够预测作物生长情况、优化资源配置、提高产量并减少环境污染。而算法选择则是农业模型训练中的关键环节,它直接影响到模型的准确性、稳定性和效率。

在选择算法时,我们需要考虑多个因素。首先是问题的性质,如是线性还是非线性问题,是否存在约束条件等。其次是数据的特征和规模,包括数据的维度、分布情况以及样本数量等。此外,还需要考虑算法的复杂度和计算资源的需求,以确保所选算法在实际应用中具有可行性。

在农业模型训练中,常见的算法包括线性回归、支持向量机(SVM)、神经网络等。这些算法各有优缺点,适用于不同的场景。例如,线性回归适用于简单的线性关系建模,而SVM则在处理高维数据和分类问题上表现出色。神经网络则具有强大的拟合能力,适用于复杂的非线性问题。

(二)经典算法在农业模型训练中的应用与比较

1. 线性回归

线性回归在农业模型训练中常被用于预测作物产量、分析环境因素对作物生长的影响等。其优点是简单易懂、计算速度快,缺点是对于非线性关系的建模能力有限。

2. 支持向量机

支持向量机(SVM)在农业领域中被广泛应用于分类和回归问题,如病虫害识别、土壤质量评估等。SVM在处理高维数据和解决小样本、非线性及高噪声模式识别问题中具有显著优势。然而，SVM 对参数选择和核函数的选择较为敏感，可能影响到模型的性能。

3. 神经网络

神经网络，尤其是深度学习网络，在农业模型训练中越来越受到关注。它们能够自动提取特征并学习复杂的非线性关系，适用于作物病虫害识别、生长预测等复杂任务。但神经网络的训练过程可能较为复杂，且需要大量数据进行训练。

在选择算法时，我们需要根据具体问题和数据特点进行权衡。例如，对于简单的线性关系，可以选择线性回归；对于高维数据或分类问题，可以考虑使用 SVM；而对于复杂的非线性问题，神经网络可能是一个更好的选择。

（三）新兴算法在农业模型训练中的潜力与挑战

随着机器学习领域的发展，越来越多的新兴算法被引入农业模型训练中，如集成学习、强化学习等。这些新兴算法在某些方面具有独特的优势，为农业模型训练带来了新的可能性。

集成学习通过结合多个基学习器的预测结果来提高模型的泛化能力。在农业领域，集成学习可以用于作物产量预测、病虫害识别等任务，以提高模型的准确性和稳定性。然而，集成学习的计算复杂度较高，且需要选择合适的基学习器和结合策略。

强化学习则通过与环境的交互来学习最优策略。在农业领域，强化学习可以应用于智能灌溉、施肥等决策优化问题。但强化学习需要定义合适的状态、动作和奖励函数，且训练过程可能较为耗时。

第二节　分布式训练与并行计算

一、分布式训练架构设计
（一）网络通信与协议选择

在分布式训练架构设计中，网络通信与协议选择是至关重要的一环。网络通信的效率直接影响到分布式训练的性能和稳定性。在选择网络通信协议时，我们需要考虑多个因素，包括传输速度、可靠性、可扩展性以及与其他系统的兼容性。

对于传输速度，我们需要选择那些能够提供高带宽和低延迟的通信协议，以确保数据在节点之间快速传输。同时，协议的可靠性也是不可忽视的因素，因为在分布式训练中，任何一个节点的故障都可能导致整个系统的崩溃。因此，我们需要选择那些具有错误检测和修复机制的通信协议，以确保数据的完整性和一致性。

此外，可扩展性也是选择通信协议时需要考虑的重要因素。随着训练数据量的增加和计算资源的扩展，我们需要一个能够轻松添加新节点的通信协议，以适应不断增长的训练需求。

另外，与其他系统的兼容性也是一个关键因素。在实际应用中，分布式训练系统往往需要与其他系统进行交互，因此我们需要选择那些能够与其他系统无缝对接的通信协议，以确保整个系统的顺畅运行。

为了实现高效的分布式训练，我们必须综合考虑以上因素，选择最适合的通信协议。这不仅需要深入了解各种通信协议的特性，还需要根据具体的训练需求和系统环境进行权衡和选择。

（二）数据分割与并行处理

在分布式训练架构中，数据分割与并行处理是实现高效训练的关键。数据分割是指将大型数据集划分为多个小块，以便在多个计算节点上进行并行处理。这种分割不仅可以提高训练速度，还可以充分利用多个计算节点的计算能力。

数据分割的策略需要根据具体的数据集和训练目标来确定。一种常见的策略是按照数据样本进行分割，每个计算节点处理一部分样本。这种策略简单易行，但可能导致某些节点的计算负载不均衡。为了解决这个问题，我们可以采用更复杂的分割策略，如基于数据特性的分割或动态负载均衡策略。

并行处理是指在多个计算节点上同时处理分割后的数据。为了实现高效的并行处理，我们需要选择合适的并行计算框架和算法。这些框架和算法应该能够充分利用多个计算节点的计算能力，并且具有良好的可扩展性和容错性。

此外，我们还需要考虑数据同步和一致性的问题。在分布式训练中，多个计算节点之间需要进行频繁的数据交换和同步，以确保各个节点上的数据保持一致。为了实现这一点，我们可以采用分布式锁、版本控制等机制来保证数据的一致性。

（三）容错性与高可用性设计

在分布式训练架构中，容错性和高可用性是至关重要的。由于分布式系统由多个节点组成，任何一个节点的故障都可能导致整个系统的崩溃。因此，在设计分布式训练架构时，我们必须充分考虑容错性和高可用性。

容错性是指在系统出现故障时，系统仍然能够正常运行的能力。为了实现容错性，我们可以采用冗余设计、错误检测和修复机制等技术手段。例如，我们可以通过数据备份和恢复机制来确保数据的可靠性；通过心跳检测机制来及时发现并处理故障节点；通过分布式锁等机制来确保数据的一致性。

高可用性则是指在系统出现故障时，系统能够快速恢复并继续提供服务的能力。为了实现高可用性，我们可以采用负载均衡、自动故障切换等技术手段。例如，我们可以通过负载均衡机制来分散请求压力；通过自动故障切换机制来确保系统的持续运行。

在设计分布式训练架构时，我们需要综合考虑容错性和高可用性。这不仅需要选择合适的技术手段来实现这些功能，还需要在实际应用中不断进行测试和优化以确保系统的稳定性和可靠性。

（四）性能优化与扩展性考虑

在分布式训练架构设计中，性能优化与扩展性考虑是不可或缺的环节。性能优化旨在提高训练速度和模型精度，而扩展性则关乎系统能否随着需求增长而灵活扩展。

性能优化涉及多个方面，首先是算法选择。针对特定问题选择合适的算法能够显著提高训练效率。其次，合理利用硬件资源也至关重要，如通过并行计算充分利用多核处理器和 GPU 加速功能。此外，数据预处理、内存管理以及网络通信优化也是提升性能的关键环节。

扩展性考虑则主要聚焦于系统如何轻松适应不断增加的训练数据和计算需求。这要求系统在设计时就考虑到未来可能的扩展需求，并采用模块化、可插拔的设计思路。例如，通过微服务架构将系统划分为多个独立的服务单元，每个单元都可独立扩展和维护。同时，利用容器化技术如 Docker 和 Kubernetes 可以方便地进行服务的部署和管理。

为了实现这些目标，我们需要综合运用各种技术手段和工具来不断优化和完善分布式训练架构。这包括但不限于使用高效的数据存储和传输技术、优化算法实现、合理配置硬件资源等。通过这些措施我们可以构建一个高性能、可扩展的分布式训练架构以满足不断增长的训练需求并提高系统的整体性能和稳定性。

二、并行计算技术实现

（一）并行计算的基本原理与实现方式

并行计算，顾名思义，是指同时使用多种计算资源解决计算问题的过程。其基本原理在于将一个大的计算任务分解成若干个小任务，分配给不同的处理单元同时执行，从而显著提高计算效率。在分布式训练架构中，并行计算技术的实现至关重要，它直接决定了训练过程的性能和效率。

实现并行计算的方式多种多样，其中最常见的是基于多线程、多进程以及分布式计算的方法。多线程并行计算通过在单个程序内部创建多个线程来并行执行任务，这种方式适用于多核或多线程的处理器。多进程并行计算则是通过创建多个独立的进程来执行任务，每个进程拥有独立的内存空间，适用于需要更强隔离性的场景。而分布式计算则是通过网络将计算任务分配给多台计算机同时执行，适用于大规模数据处理和高性能计算需求。

在选择并行计算的实现方式时，需要综合考虑问题的规模、计算资源的可用性、通信开销以及编程复杂性等因素。例如，对于小规模问题，多线程或多进程并行计算可能更为高效；而对于大规模问题，分布式计算则能提供更强大的计算能力。

（二）并行计算中的数据传输与同步

在并行计算中，数据传输与同步是两个至关重要的环节。由于计算任务被分解并分配给不同的处理单元执行，因此处理单元之间需要进行频繁的数据交换以确保计算的正确性。数据传输的效率直接影响到并行计算的性能，因此需要选择高效的数据传输协议和技术。同时，为了保证各个处理单元之间的数据一致性，还需要实现精确的数据同步机制。

数据传输的方式包括共享内存、消息传递和远程过程调用等。共享内存方式允许多个处理单元直接访问同一块内存区域，从而避免了数据复制的开销，但需要考虑数据一致性和同步问题。消息传递方式则通过发送和接收消息来实现处理单元之间的数据交换，具有较好的可扩展性和灵活性。远程过程调用允许一个处理单元调用另一个处理单元上的函数或方法，适用于需要跨节点协作的场景。

数据同步机制用于确保各个处理单元之间的数据一致性。常见的同步机制包括锁、条件变量、信号量等。这些机制可以有效地避免数据竞争和不一致性问题，但也可能引入额外的开销和复杂性。因此，在设计并行计算系统时，需要权衡同步的开销和数据的正确性。

（三）并行计算的优化策略与技术

为了提高并行计算的效率和性能，需要采用一系列优化策略和技术。首先是负载均衡问题，即将计算任务均匀地分配给各个处理单元以避免某些单元过载或空闲。这可以通过静态或动态的负载均衡算法来实现，如轮询、随机选择或基于任务特性的分配策略等。

其次是数据局部性优化，即尽量将数据存储在离处理单元近的位置以减少数据传输的开销。这可以通过合理的数据划分和存储策略来实现，如使用缓存技术、数据预取或局部性优化算法等。

此外，还可以采用向量化计算、并行算法优化以及利用硬件特性等技术来进一步提高并行计算的效率。向量化计算可以通过同时处理多个数据元素来加速计算过程；并行算法优化则是针对特定问题设计高效的并行算法以充分利用多个处理单元的计算能力；而利用硬件特性则是根据具体的硬件平台（如GPU、TPU等）进行针对性的优化以实现更高的性能。

（四）并行计算的挑战与未来发展趋势

尽管并行计算技术已经取得了显著的进展并在许多领域得到了广泛应用，但仍然面临着一些挑战和问题。首先是编程复杂性问题，由于并行计算涉及多个处理单元的协作和数据交换，因此需要编写复杂的代码来管理这些过程。为了降低编程复杂性并提高代码的可读性和可维护性，可以研究更高级的并行编程模型和工具来简化开发过程。

其次是可扩展性问题，随着计算规模的扩大和处理单元数量的增加，如何保持并行计算系统的可扩展性成为一个重要问题。为了解决这个问题，可以研究更高效的资源管理和任务调度算法来充分利用可用的计算资源并实现更好的负载均衡。

未来发展趋势方面，随着云计算、边缘计算和人工智能等技术的不断发展，并行计算将在更多领域得到应用并发挥重要作用。同时，新型计算架构和硬件平台（如量子计算、光计算等）的涌现也将为并行计算带来新的机遇和挑战。因此，持续关注和研究新技术和新平台对于推动并行计算技术的发展具有重要意义。

三、资源管理与负载均衡

（一）资源管理的重要性及其策略

在分布式训练架构中，资源管理是一个至关重要的环节。有效地管理资源能够确保系统的高效运行，避免资源的浪费，同时提高训练任务的执行效率。资源管理的核心在于合理地分配和调整计算资源、存储资源以及网络资源，以满足不同训练任务的需求。

资源管理策略的制定需要综合考虑多个方面。首先是资源的可用性，系统需要实时监控各种资源的状态，确保在需要时能够及时分配。其次是资源的需求预测，通过对历史数据的分析，预测未来一段时间内的资源需求，从而提前做好资源准备。此外，还需要考虑资源的优化利用，避免某些资源长时间闲置，而其他资源过度使用的情况。

为了实现有效的资源管理，可以采用动态资源分配策略。这种策略能够根据任务的实时需求，动态地调整资源的分配。例如，当某个训练任务需要大量计算资源时，系统可以自动从其他任务中调配资源，以满足该任务的需求。同时，当任务完成后，系统又能及时释放资源，供其他任务使用。

（二）负载均衡的实现方式及其挑战

负载均衡是资源管理中另一个重要的方面。在分布式训练系统中，负载均衡旨在确保每个计算节点都能得到合理的任务分配，从而避免某些节点过载，而其他节点空闲的情况。实现负载均衡有助于提高系统的整体性能和稳定性。

负载均衡的实现方式多种多样，包括静态负载均衡和动态负载均衡。静态负载均衡主要依据预先设定的规则进行任务分配，这种方式简单易行，但可能无法适应系统状态的动态变化。动态负载均衡则根据系统的实时状态进行任务分配，能够更好地适应系统的变化，但实现起来相对复杂。

在实现负载均衡的过程中，面临着诸多挑战。首先是状态信息的获取和更新，系统需要实时地收集和处理各个节点的状态信息，以便做出合理的负载均衡决策。其次是任务迁移的开销，当系统决定将一个任务从一个节点迁移到另一个节点时，需要考虑到数据迁移、任务重启等带来的开销。最后是负载均衡算法的复杂性和效率问题，设计一个既简单又高效的负载均衡算法是一个重要的挑战。

（三）资源管理与负载均衡的结合应用

在实际应用中，资源管理和负载均衡是相辅相成的。资源管理为负载均衡提供了基础，通过合理地分配和调整资源，为负载均衡创造了条件。而负载均衡则能够进一步优化资源的使用效率，确保每个节点都能得到合理的任务分配。

为了实现资源管理和负载均衡的结合应用，可以采取一些具体的措施。例如，可以建立一个集中的资源管理器，负责监控和分配系统中的各种资源。同时，还可以设计一个高效的负载均衡算法，根据系统的实时状态进行任务分配。此外，还可以利用一些先进的技术手段，如容器化技术和虚拟化技术，来提高资源的利用率和灵活性。

随着分布式训练技术的不断发展，资源管理和负载均衡将面临更多的挑战和机遇。未来，随着计算资源的日益丰富和多样化，如何更有效地管理和利用这些资源将成为一个重要的问题。同时，随着训练任务的复杂性和规模的增加，如何设计一个更高效、更稳定的负载均衡算法也将是一个重要的研究方向。此外，随着新技术和新方法的不断涌现，资源管理和负载均衡也需要不断地进行创新和优化。例如，可以利用人工智能和机器学习技术来预测和优化资源的分配和使用；可以利用云计算和边缘计算等技术来扩展和优化分布式训练系统的架构和功能；还可以利用新型的存储和网络技术来提高数据的传输和处理效率等。总之，未来资源管理和负载均衡将面临更多的机遇和挑战，需要不断地进行创新和优化以适应新的发展需求。

第三节 模型压缩与加速技术

一、模型压缩方法概述

（一）模型压缩的基本概念与重要性

模型压缩是指在保持模型性能的同时，减小模型的大小和计算复杂度。这种方法对于深度学习模型的实际应用至关重要，尤其是在资源受限的环境中，如移动设备或边缘计算设备。通过模型压缩，我们可以降低模型的存储需求，提高推理速度，并减少能耗，从而使得深度学习模型能够在更多场景下得到应用。

模型压缩的重要性主要体现在以下几个方面：一是提高了模型的部署

灵活性，使得模型能够在各种设备上运行；二是降低了模型的运行成本，包括存储成本、计算成本和能耗成本；三是加速了模型的推理速度，提升了用户体验。因此，模型压缩是深度学习领域的一个重要研究方向。

（二）模型压缩的主要方法

模型压缩的方法多种多样，但主要可以分为两大类：一是模型训练后的压缩方法，如剪枝和量化技术；二是模型本身的轻量化方法，如知识蒸馏技术和设计轻量型网络结构。

剪枝技术主要是通过去除模型中不重要的参数或神经元来减小模型大小。这种方法的关键在于如何准确地评估哪些参数或神经元是不重要的。量化技术则是通过将模型参数从高精度表示转换为低精度表示来减小模型大小。这种方法可以显著降低模型的存储需求和计算复杂度，但可能会对模型的性能产生一定影响。

知识蒸馏技术是一种通过迁移学习来压缩模型的方法。它通过一个已经训练好的大型模型（教师模型）来指导一个小型模型（学生模型）的训练过程，从而使得小型模型能够继承大型模型的知识和能力。这种方法可以有效地减小模型的大小，同时保持较高的性能。

设计轻量型网络结构是另一种有效的模型压缩方法。这种方法主要是通过设计具有较少参数和计算复杂度的网络结构来实现模型压缩。例如，SqueezeNet、MobileNet 等轻量级网络结构就是这种方法的典型代表。这些网络结构通过巧妙地设计卷积核的大小、步长和连接方式，实现了在保持性能的同时减小模型大小的目标。

（三）模型压缩的挑战与解决方案

虽然模型压缩带来了很多好处，但也面临着一些挑战。其中最主要的挑战是如何在减小模型大小的同时保持模型的性能。为了解决这个问题，研究者们提出了各种优化方法。

一种解决方案是采用更精细的剪枝策略，通过更准确的评估参数或神经元的重要性来减小剪枝对模型性能的影响。另一种解决方案是采用更先进的量化技术，如使用非均匀量化或混合精度量化等方法来减小量化误差对模型性能的影响。此外，还可以通过改进知识蒸馏技术和设计更高效的轻量型网络结构来提高模型压缩的效果。

随着深度学习技术的不断发展，模型压缩也将迎来更多的发展机遇。未来，模型压缩的研究将更加注重如何在减小模型大小的同时保持甚至提高模型的性能。为了实现这一目标，研究者们将继续探索更先进的剪枝技术、量化技术、知识蒸馏技术和轻量型网络结构设计方法。此外，随着自动化机器学习（AutoML）技术的不断发展，未来模型压缩可能会与 AutoML 技术相结合，实现更高效的模型压缩和优化。同时，随着边缘计算和物联网技术的普及，模型压缩将在更多场景下得到应用，为各种智能设备提供更高效、更便捷的深度学习解决方案。

二、加速技术原理与应用

（一）加速技术的基本概念与原理

加速技术是指在计算过程中，通过特定的方法或工具来提高计算速度、优化性能的一种技术手段。其基本原理主要涉及算法的优化、硬件的并行处理以及专用加速器的应用等方面。

在算法优化方面，通过对算法进行改进，减少不必要的计算步骤，或者使用更高效的算法来替代原有的低效算法，从而达到提高计算速度的目的。例如，在矩阵运算中，通过采用更高效的矩阵乘法算法，可以显著减少计算量，提高运算速度。

硬件的并行处理是加速技术的另一个重要原理。现代计算机体系结构中，多核处理器和 GPU 等并行处理硬件已经普及。通过将这些硬件资源充分利用，可以同时处理多个计算任务，从而大幅提高计算速度。例如，在图像处理领域，GPU 的并行处理能力可以显著加速图像的渲染和处理速度。

此外，专用加速器也是加速技术的重要组成部分。这些加速器是针对特定计算任务设计的硬件设备，如 FPGA（现场可编程阵列）和 ASIC（专用集成电路）等。它们通过针对特定任务进行优化，实现了比通用处理器更高的计算效率和速度。

（二）加速技术的应用领域

加速技术在多个领域都有广泛应用，包括但不限于科学计算、图像处理、机器学习和数据中心等。

在科学计算领域，加速技术可以显著提高大规模数值模拟、天气预报、基因测序等复杂计算的速度。例如，使用 GPU 加速的分子动力学模拟可以比传统 CPU 快数十倍甚至上百倍。

在图像处理领域，加速技术被广泛应用于图像渲染、视频编码与解码以及实时图像处理等任务。通过利用 GPU 或专用加速器的并行处理能力，可以实时生成高质量的图像和视频效果。

在机器学习领域，加速技术对于训练和推理过程的提速至关重要。通过使用 GPU、FPGA 等硬件加速器，可以大幅缩短模型训练和推理的时间，从而加速机器学习应用的开发和部署。

在数据中心领域，加速技术有助于提高数据处理和分析的速度。面对海量的数据，传统的 CPU 处理速度往往无法满足实时性的需求。而通过使用硬件加速器，如 FPGA 或 ASIC 等，可以实现对数据的快速处理和分析，提升数据中心的运营效率。

（三）加速技术对计算性能的影响与评估

加速技术对计算性能的影响是显著的。通过采用合适的加速技术，可以大幅提高计算速度、降低能耗并提升系统的整体性能。然而，如何评估加速技术的效果是一个关键问题。

评估加速技术的效果通常需要考虑多个方面，包括计算速度的提升、能耗的降低以及系统响应时间的减少等。此外，还需要考虑加速技术的成本效益比以及其对系统稳定性和可靠性的影响。

为了全面评估加速技术的效果，可以采用多种性能指标进行量化分析。例如，可以使用加速比来衡量加速技术对计算速度的提升程度；使用能效比来评估加速技术在降低能耗方面的效果；还可以使用系统响应时间等指标来评估加速技术对系统整体性能的影响。

综上所述，加速技术在提高计算性能、优化能耗以及提升系统响应速度等方面具有显著效果。然而，如何选择合适的加速技术并对其进行全面评估是一个复杂而重要的问题。未来，随着技术的不断发展和创新，加速技术将在更多领域发挥重要作用，为人们的生产和生活带来更多便利和效益。

三、对农业模型训练的影响

（一）模型压缩与加速技术对农业模型训练效率的提升

在农业领域，模型训练是智能化、精准化农业生产的关键环节。然而，传统的农业模型往往因为数据量大、模型复杂度高而导致训练效率低下，这在一定程度上制约了农业智能化的进程。模型压缩与加速技术的应用，为提升农业模型训练效率带来了显著的改变。

模型压缩技术通过剪枝、量化等手段减小模型的大小，这不仅降低了存储和传输的成本，更重要的是，它使得模型在训练过程中能够更快地加载和处理数据。对于农业模型而言，这意味着可以在更短的时间内完成数据的迭代和更新，从而提高了训练效率。

加速技术则通过并行处理、专用硬件加速等手段，使得农业模型的训练过程更加迅速。例如，利用 GPU 或 FPGA 等硬件加速器，可以大幅提升矩阵运算、深度学习等计算密集型任务的速度。这对于需要处理大量农业数据、进行复杂模式识别的农业模型来说，无疑是极大的助力。

综上所述，模型压缩与加速技术在提升农业模型训练效率方面发挥了重要作用。它们通过减小模型大小、加速计算过程，使得农业模型能够更快地适应新的数据和环境，为农业生产提供更加精准、高效的决策支持。

（二）模型压缩与加速技术对农业模型精度的改进

农业模型的精度直接关系到农业生产的效益和准确性。传统的农业模型在处理大规模数据时，往往因为计算资源的限制而不得不牺牲一定的精度。然而，模型压缩与加速技术的应用，为提升农业模型的精度提供了新的可能。

模型压缩技术不仅减小了模型的大小，还通过优化模型结构，去除了冗余的参数和特征，从而提高了模型的泛化能力。这意味着在面对新的农业数据时，经过压缩的模型能够更准确地预测和分类，为农业生产提供更可靠的决策依据。

加速技术则通过提高计算速度，农业模型能够在更短的时间内处理更多的数据。这不仅增加了模型的训练样本量，还提高了模型的实时性。在处理动态变化的农业环境时，加速技术能够帮助模型更快地适应新的情况，从而提高预测的精度和时效性。

因此，模型压缩与加速技术对农业模型精度的改进具有显著的影响。它们通过优化模型结构、提高计算速度等手段，为农业生产提供了更加准确、高效的模型支持。

（三）模型压缩与加速技术在农业模型部署中的优势

农业模型的部署是智能化农业生产的重要环节。然而，传统的农业模型往往因为体积庞大、计算复杂度高而难以在资源受限的农业环境中部署。模型压缩与加速技术的应用，为农业模型的部署带来了显著的优势。

首先，模型压缩技术大幅减小了模型的体积，使得模型能够在资源受限的设备上运行。这对于在农田、温室等环境中部署农业模型来说，无疑降低了硬件成本和维护难度。同时，压缩后的模型在传输和更新时也更加便捷，提高了农业生产的灵活性。

其次，加速技术提高了农业模型的运行速度，使得模型能够在实时性要求较高的场景中发挥作用。例如，在病虫害监测、气象预测等任务中，加速技术可以确保模型及时响应并提供准确的结果，从而帮助农民做出及时的决策。

综上所述，模型压缩与加速技术在农业模型部署中具有显著的优势。它们通过减小模型体积、提高运行速度等手段，降低了农业模型部署的难度和成本，提高了农业生产的智能化水平。

（四）模型压缩与加速技术对农业模型可持续发展的推动作用

随着农业生产对智能化技术的需求日益增长，农业模型的可持续发展变得尤为重要。模型压缩与加速技术在推动农业模型可持续发展方面发挥了关键作用。

首先，这些技术有助于降低农业模型的能耗。通过减小模型大小和加速计算过程，可以显著减少模型运行所需的计算资源和能源消耗。这符合当前绿色环保、节能减排的社会发展趋势，同时也为农业生产降低了运营成本。

其次，模型压缩与加速技术提高了农业模型的适应性和可扩展性。面对不断变化的农业环境和需求，经过压缩和加速的模型能够更快地适应新情况，支持更多的应用场景和功能拓展。这为农业模型的长期发展提供了有力保障。

最后，这些技术促进了农业模型技术的创新与进步。随着模型压缩与加速技术的不断发展，农业模型将有望实现更高的性能、更低的成本和更广泛的应用。这将进一步推动农业生产向智能化、高效化方向发展。

综上所述，模型压缩与加速技术对农业模型的可持续发展具有显著的推动作用。它们通过降低能耗、提高适应性和可扩展性以及促进技术创新与进步等手段，为农业模型的长期发展奠定了坚实基础。

第四节 迁移学习在农业场景中的应用

一、迁移学习原理与优势

（一）迁移学习的原理

迁移学习是一种机器学习技术，其核心原理在于利用一个或多个源领域（source domain）上已经学习到的知识、模型、特征或参数，来辅助目标领域（target domain）上的学习任务。这一技术能够有效提升模型在新任务上的性能，尤其是在数据稀缺或标注成本高昂的场景下显示出其独特的优势。

迁移学习的关键在于找到源领域与目标领域之间的共通性。这些共通性可能体现在数据的特征表示、模型的参数设置或是学习任务的本质上。例如，在图像识别任务中，一个经过大规模图像数据集（如 ImageNet）预训练的模型，已经学习到了丰富的图像特征表示。当面临一个新的图像分类任务时，尽管新任务的数据分布可能与预训练数据集有所不同，但预训练模型所学习到的低层次特征（如边缘检测、色彩识别等）仍然具有很高的参考价值。因此，通过迁移学习，我们可以将这些有价值的特征知识迁移到新任务中，从而加速新任务的学习过程并提高性能。

（二）迁移学习的优势之一：提升基线性能

迁移学习的一个显著优势是能够提升新任务的基线性能。由于迁移学习利用了已经在源领域上学到的知识，这使得新任务在开始时就有了一个相对较高的起点。相较于从零开始学习的新模型，迁移学习能够使新任务在训练初期就表现出更好的性能。这一点在数据稀缺或标注困难的任务中尤为重要，因为在这些场景下，传统的机器学习方法可能会因为数据不足而难以训练出高性能的模型。

（三）迁移学习的优势之二：节省模型开发时间

除了提升基线性能外，迁移学习还能显著节省模型开发时间。在传统的机器学习方法中，每当面临一个新的任务，都需要从头开始训练模型。这个过程不仅耗时，而且需要大量的计算资源。然而，在迁移学习中，由于可以利用已有的预训练模型作为起点，因此可以大大缩短新模型的训练时间。这种时间的节省在实际应用中具有极高的价值，尤其是在需要快速响应和迭代的业务场景中。

（四）迁移学习的优势之三：提高最终性能

迁移学习还具备的重要优势是能够提高新任务的最终性能。通过迁移学习，新任务不仅可以继承源领域上的有用知识，还可以在训练过程中对这些知识进行微调和优化，以适应目标领域的特定需求。这种结合使得迁移学习模型在训练结束后往往能够达到比传统方法更高的性能水平。这一点在多个领域和任务中都得到了广泛的验证，包括图像识别、自然语言处理、语音识别等。通过迁移学习，我们可以更有效地利用已有的知识和数据资源，从而推动机器学习技术在更多领域的应用和发展。

二、农业场景下的迁移学习任务

（一）迁移学习在农业场景中的应用背景

农业作为国民经济的基础，正逐渐与科技融合，实现智能化转型。迁移学习作为一种先进的机器学习技术，在农业领域具有广泛的应用前景。由于农业生产环境的多样性和复杂性，以及数据采集和标注的困难性，迁移学习能够充分利用已有的数据和知识，帮助农业智能化系统更好地适应各种环境和任务，提高预测和决策的准确性。

（二）农业场景下的迁移学习任务类型

在农业场景下，迁移学习任务主要分为两类：一是模型迁移，即将在一个农业任务上学到的模型迁移到其他相关任务上；二是特征迁移，即利用在一个任务上学到的特征来辅助其他任务的学习。这两类任务都旨在通过迁移学习，提高新任务的性能和效率。

（三）迁移学习在农业场景中的实施步骤

在农业场景下实施迁移学习，通常需要遵循以下步骤：首先，确定源领域和目标领域，以及它们之间的相似性；其次，选择合适的迁移学习方法，如基于模型的迁移、基于特征的迁移或基于实例的迁移等；再次，利用源领域的数据和知识来训练模型或提取特征；最后，将训练好的模型或特征迁移到目标领域，并进行必要的调整和优化。

（四）迁移学习在农业场景中的挑战与解决方案

尽管迁移学习在农业场景中具有广泛的应用前景，但也面临一些挑战。例如，源领域和目标领域之间的数据分布差异可能导致负迁移现象；同时，农业数据的稀缺性和标注困难也限制了迁移学习的效果。为了解决这些问题，可以采取以下措施：一是选择合适的源领域和目标领域，确保它们之间具有一定的相似性；二是利用无监督学习或自监督学习方法来提取更通用的特征表示；三是采用领域适应技术来减少源领域和目标领域之间的差异；四是结合传统农业知识和专家经验来辅助迁移学习过程。

综上所述，迁移学习在农业场景中具有重要的应用价值和发展潜力。通过充分利用已有的数据和知识，迁移学习可以帮助农业智能化系统更好地适应各种环境和任务，提高预测和决策的准确性。然而，在实际应用中仍需注意解决相关挑战和问题，以确保迁移学习的效果和性能。随着技术的不断发展和完善，相信迁移学习将在农业领域发挥越来越重要的作用。

三、迁移学习策略与实现

（一）迁移学习策略的选择

迁移学习策略的选择是实现成功迁移学习的关键一步。在选择迁移学习策略时，我们首先要对源领域和目标领域的数据特性进行深入分析，理解它们之间的相似性和差异性。基于这种理解，我们可以决定是采用基于实例的迁移、基于特征的迁移、基于模型的迁移还是基于关系的迁移。例如，如果源领域和目标领域的数据分布相似，那么基于模型的迁移可能更为合适，因为它可以直接利用源领域的预训练模型；反之，如果两个领域的数据特性差异较大，我们可能需要采用基于特征的迁移，通过特征变换来减少领域间的差异。

此外，迁移学习策略的选择还需要考虑目标任务的具体需求。例如，在分类任务中，我们可能需要关注类别间的区分性，而在回归任务中，我们则更关注数据的连续性。这些任务特性将直接影响迁移学习策略的制定。

（二）迁移学习的实现技术

迁移学习的实现依赖于一系列的技术手段。在数据预处理阶段，我们可能需要利用数据增强、标准化等方法来提高数据的可用性和一致性。在特征提取阶段，深度学习技术如卷积神经网络（CNN）可以有效地从原始数据中提取有用的特征。同时，为了减少源领域和目标领域之间的差异，我们可以采用领域适应技术，如最大均值差异（MMD）等方法。

在模型训练阶段，我们需要选择合适的优化算法和学习率调整策略来确保模型的稳定收敛。此外，为了防止过拟合，我们还可以采用正则化、dropout 等技术。在模型评估阶段，除了传统的准确率、召回率等指标外，我们还需要关注模型的泛化能力和鲁棒性。

（三）迁移学习的优化与调整

迁移学习并非一蹴而就的过程，而是需要不断的优化和调整。这包括对数据的进一步清洗和标注、模型结构的微调、超参数的搜索等。在这个过程中，我们需要充分利用验证集来评估模型的性能，并根据评估结果进行相应的调整。例如，如果模型在验证集上的性能不佳，我们可能需要增加网络的深度或宽度来提高模型的表达能力。同时，我们还可以通过交叉验证、网格搜索等方法来寻找最佳的超参数组合。

（四）迁移学习的评估与部署

迁移学习的最终目标是提高目标任务的性能。因此，我们需要对迁移学习后的模型进行全面的评估。这包括在测试集上的性能评估、与其他基准模型的对比评估以及在实际应用环境中的性能评估。通过这些评估，我们可以全面了解迁移学习模型的优势和不足，为后续的优化提供方向。

在模型部署阶段，我们需要考虑模型的实时性、稳定性和可扩展性。为了确保模型的实时性，我们可以采用模型压缩、剪枝等技术来减少模型的复杂度和计算量。为了提高模型的稳定性，我们可以采用在线学习、增量学习等方法来不断更新和优化模型。同时，为了支持大规模数据的处理和分析，我们还需要考虑分布式计算、云计算等技术的应用。

综上所述，迁移学习策略与实现是一个复杂而系统的过程，需要综合考虑数据特性、任务需求、技术手段等多个方面。通过合理的策略选择和精细的实现过程，我们可以充分发挥迁移学习的优势，提高目标任务的性能。

第五节 终身学习在农业模型更新中的实践

一、终身学习理念与框架

（一）终身学习理念的内涵与价值

终身学习理念是现代社会发展的重要理念之一，它强调个体在整个生命过程中不断学习、不断进步的重要性。这一理念认为，学习不仅仅局限于学校阶段，而应该贯穿人的一生。终身学习理念的内涵包括个体对知识的持续追求、技能的不断提升，以及个人全面发展的实现。它鼓励人们在不同年龄段、不同生活阶段都保持学习的热情和动力，以适应社会变革和个人发展的需要。

终身学习理念的价值在于，它促进了人的全面发展和自我实现。通过学习，个体可以不断拓展自己的知识领域，提高自己的综合素质，从而更好地适应社会发展的需求。同时，终身学习也有助于培养个体的创新精神和实践能力，使其在面对新挑战时能够迅速应对。此外，终身学习还有利于构建学习型社会，推动社会的进步与发展。

在现代社会，知识更新速度极快，终身学习理念的重要性愈发凸显。只有不断学习，才能跟上时代的步伐，不被社会所淘汰。因此，终身学习理念不仅对个人发展具有重要意义，也是社会进步的重要推动力。

（二）终身学习框架的构建与实施

终身学习框架的构建是实现终身学习理念的重要基础。这一框架应该包括明确的学习目标、多样化的学习方式、灵活的学习时间安排以及有效的学习评估机制。

首先，明确的学习目标是终身学习的核心。个体应该根据自己的兴趣、职业发展规划以及社会需求来设定学习目标，确保学习的针对性和实效性。

其次，多样化的学习方式可以满足不同个体的学习需求。除了传统的课堂教学外，还可以利用网络学习、自主学习、合作学习等多种方式进行学习。这样不仅可以提高学习的趣味性，还能培养个体的自主学习能力。

再次，灵活的学习时间安排也是终身学习框架的重要组成部分。个体可以根据自己的实际情况，合理安排学习时间，确保学习的持续性和有效性。

最后，有效的学习评估机制可以帮助个体及时了解自己的学习进度和效果，从而调整学习策略，提高学习效率。

在实施终身学习框架时，政府、教育机构和社会各界都应该发挥积极作用。政府应该加大对终身学习的支持力度，提供丰富的学习资源和优质的教育服务。教育机构应该不断创新教育模式和方法，满足个体的多样化学习需求。同时，社会各界也应该营造良好的学习氛围，鼓励和支持个体进行终身学习。

（三）终身学习面临的挑战与应对策略

虽然终身学习理念具有深远的意义，但在实际推行过程中也面临着诸多挑战。其中最主要的挑战包括学习资源的不均衡分布、学习动力的维持以及学习效果的评估等。

学习资源的不均衡分布是一个全球性的问题。在一些地区，由于经济条件、地理位置等因素的限制，个体可能无法获得优质的学习资源。为了解决这一问题，政府和社会各界应该共同努力，推动教育资源的均衡分配，提高教育公平性。

学习动力的维持是另一个重要挑战。随着生活节奏的加快和工作压力的增大，个体可能难以保持持续的学习动力。因此，个体需要明确自己的学习目标，激发内在的学习动机，同时寻求外部的支持和鼓励。

此外，学习效果的评估也是一个需要关注的问题。传统的考试和评估方式可能无法全面反映个体的学习效果和综合能力。因此，需要探索更加科学、全面的评估方式，以便更准确地了解个体的学习进度和成果。

为了应对这些挑战，政府、教育机构和社会各界需要共同努力。政府应该加大对终身学习的投入和支持力度，推动教育资源的均衡分配和优质教育服务的提供。教育机构则需要不断创新教育模式和方法，提高教育质量，满足个体的多样化需求。同时，社会各界也应该加强对终身学习的宣传和推广，营造良好的学习氛围。

（四）终身学习对个人与社会发展的影响

终身学习对个人与社会的发展具有深远的影响。从个人层面来看，终身学习可以促进个体的全面发展和自我实现。通过学习，个体可以不断拓宽知识视野、提升技能水平、增强综合素质，从而更好地适应社会发展的需求并实现个人价值。同时，终身学习还有助于培养个体的创新能力和批判性思维，提高解决问题的能力。

从社会层面来看，终身学习是推动社会进步和发展的重要力量。一个充满学习氛围的社会必然是一个充满活力和创新精神的社会。终身学习可以促进知识的传播和创新，为社会的进步提供源源不断的动力。同时，终身学习还有助于提高整个社会的文化水平和公民素质，为构建和谐、文明的社会环境奠定基础。

综上所述，终身学习理念对个人与社会的发展都具有重要意义。为了实现这一理念，需要政府、教育机构和社会各界的共同努力和支持。通过不断创新教育模式和方法、优化教育资源配置、营造良好的学习氛围等措施，推动终身学习的深入发展，为社会的进步和发展贡献力量。

二、农业模型更新需求分析

（一）农业模型更新的重要性

农业模型是农业生产与管理的重要工具，它能够帮助农业生产者预测作物生长情况、优化资源配置、提高产量和质量。然而，随着农业科技的不断进步和市场需求的变化，传统的农业模型已经难以满足现代农业发展的需求。因此，农业模型的更新显得尤为重要。

终身学习在农业模型更新中扮演着关键角色。随着农业科技的飞速发展，新的种植技术、管理方法和市场动态不断涌现，这就要求农业生产者和管理者不断学习新知识、掌握新技能，以便更好地运用和更新农业模型。通过终身学习，农业生产者可以及时了解最新的农业科技和市场信息，从而调整和优化农业模型，提高农业生产的效益和竞争力。

农业模型的更新不仅关乎农业生产者的利益，更关系到整个农业产业的可持续发展。通过引入先进的农业模型，我们可以更加精确地预测作物生长情况，合理安排生产计划，减少资源浪费，提高农产品质量。同时，这也有助于应对气候变化、市场波动等外部因素带来的挑战，保障农业生产的稳定性和可持续性。

（二）终身学习在农业模型更新中的实践意义

终身学习对于农业模型更新的实践意义在于，它提供了一种持续学习和适应变化的机制。农业生产是一个动态的过程，受到自然环境、市场需求、技术进步等多种因素的影响。通过终身学习，农业生产者可以不断汲取新知识，了解最新的农业技术和管理方法，从而及时调整和优化农业模型，以适应不断变化的生产环境。

此外，终身学习还有助于提升农业生产者的专业素养和创新能力。通过学习新知识、新技能，农业生产者可以拓宽视野，增强解决问题的能力，提高农业生产的质量和效率。同时，终身学习也鼓励农业生产者积极探索新的农业模型和技术，推动农业产业的创新和升级。

（三）农业模型更新中的终身学习策略

在农业模型更新中实施终身学习策略，首先，需要建立完善的学习体系。这包括提供多样化的学习资源和学习方式，以满足不同农业生产者的学习需求。同时，还需要建立有效的学习激励机制，鼓励农业生产者积极参与学习活动，不断提升自身素养。

其次，要加强农业科技成果的转化和应用。通过产学研合作等方式，将最新的农业科技成果引入到农业模型中，提高模型的预测精度和应用效果。此外，还可以借助现代信息技术手段，如大数据、人工智能等，对农业模型进行持续优化和升级。

最后，要培养农业生产者的终身学习习惯。通过宣传教育、培训指导等方式，引导农业生产者树立终身学习的理念，不断提高自身的学习能力和创新能力。这样不仅可以推动农业模型的及时更新和优化，还有助于提升整个农业产业的竞争力和可持续发展能力。

（四）农业模型更新与终身学习的未来展望

随着科技的不断进步和市场需求的变化，农业模型的更新将成为一个持续的过程。在这个过程中，终身学习将发挥越来越重要的作用。未来，我们可以预见以下几个方面的发展趋势。

首先，农业科技与终身学习的深度融合。随着物联网、大数据、人工智能等技术的不断发展，农业模型的更新将更加依赖于科技创新和终身学习理念的实践。农业生产者将通过持续学习掌握更多的科技知识，以便更好地运用新技术优化农业模型。

其次，农业模型更新的个性化需求将不断增加。不同的地区、不同的农业生产者可能面临不同的生产环境和市场需求。因此，未来的农业模型更新将更加注重个性化需求的满足，而终身学习将为农业生产者提供定制化的学习资源和解决方案。

最后，终身学习将成为农业人才培养的重要途径。随着农业现代化的不断推进，对农业人才的需求也将越来越高。终身学习将为农业人才培养提供持续的动力和支持，推动农业产业的持续发展和创新。

综上所述，终身学习在农业模型更新中具有重要的实践意义和发展前景。通过加强终身学习理念的宣传和实践、完善学习体系、加强科技成果转化和应用以及培养农业生产者的终身学习习惯等措施，我们可以推动农业模型的及时更新和优化，提升农业产业的竞争力和可持续发展能力。

三、终身学习算法设计与实现

（一）终身学习算法设计的基础理念

在农业模型更新中实践终身学习，算法设计是关键环节。终身学习算法设计的基础理念在于构建一个能够不断学习和适应新环境的模型，以保持模型的先进性和准确性。这一理念强调模型应能够随着时间和环境的变化，持续吸纳新知识、优化自身性能，从而更好地服务于农业生产。

为了实现这一理念，我们需要设计一个灵活且高效的算法框架。这个框架不仅要能够处理现有的农业数据，还要能够预测未来的趋势并做出相应的调整。这就要求我们在设计算法时，充分考虑到模型的可扩展性和自适应性。通过引入持续学习的机制，模型能够不断地从新数据中学习，更新自身的知识库，以适应不断变化的农业生产环境。

同时，算法设计还需要注重实际应用的需求。农业生产的复杂性和多样性要求我们的算法不仅要具有高度的智能化和自动化水平，还要能够根据实际情况进行灵活调整。因此，在设计过程中，我们需要充分考虑农业生产者的实际需求，确保算法能够在实践中发挥最大的效用。

(二) 终身学习算法的实现策略

实现终身学习算法的关键在于设计一个有效的学习机制，使模型能够持续地从新数据中汲取知识，并不断更新自身。在实现过程中，我们需要关注以下几个方面的策略。

1. 数据收集与处理

为了训练和优化模型，我们需要收集大量的农业数据，并进行适当的预处理和特征提取。这些数据可以来自农田实验、气象观测、市场调查等多个渠道，通过数据清洗和整合，形成适合模型训练的数据集。

2. 模型选择与训练

在选择合适的模型进行训练时，我们需要充分考虑模型的复杂度和泛化能力。通过采用先进的机器学习技术，如深度学习、强化学习等，我们可以训练出具有强大预测能力的模型。同时，我们还需要关注模型的过拟合问题，通过正则化、dropout 等技术手段来避免模型过度拟合训练数据。

3. 持续学习与更新

为了实现终身学习，我们需要设计一个持续学习的机制。这包括定期重新训练模型、在线学习新数据以及动态调整模型参数等。通过这些手段，我们可以确保模型始终保持在最新状态，并能够适应新的环境和挑战。

4. 评估与反馈

为了验证模型的性能和准确性，我们需要建立一套完善的评估体系。

这包括对模型进行定期的性能测试、与其他模型的对比分析以及收集用户反馈等。通过这些评估手段，我们可以及时发现问题并进行调整优化，确保模型的持续进步和适应性。

将终身学习算法应用于农业模型更新中，可以显著提升模型的预测精度和适应性。通过持续学习新数据并不断优化模型参数，我们可以使模型更加符合当前的生产环境和市场需求。这不仅有助于提高农业生产效率和产量，还能够减少资源浪费和环境污染等问题。此外，终身学习算法的应用还能够促进农业生产者与技术专家之间的交流与合作。通过学习最新的农业科技知识和技术成果，农业生产者可以更加科学地制定生产计划和管理策略，从而提高农业生产的质量和效益。

虽然终身学习算法在农业模型更新中具有显著的应用效果，但在实际应用过程中也面临着一些挑战和问题。例如，数据稀缺性、模型复杂性与泛化能力的平衡、计算资源限制等。为了解决这些问题，我们可以采取以下解决方案。

首先，利用无监督学习和半监督学习方法来处理数据稀缺性问题。这些方法可以从大量未标记数据中提取有用信息，并辅助有监督学习方法进行模型训练和优化。

其次，引入正则化技术和集成学习方法来提高模型的泛化能力。这些方法可以帮助我们避免模型过度拟合训练数据，并提高模型对新数据的适应性。

最后，利用云计算和分布式计算技术来解决计算资源限制问题。这些技术可以提供强大的计算能力和存储空间，以支持大规模数据处理和模型训练需求。

综上所述，终身学习算法在农业模型更新中具有广阔的应用前景和实用价值。通过设计合理的算法框架和实现策略，我们可以充分发挥终身学习算法的优势，为农业生产提供更加精准和高效的决策支持。

第八章 农业信息化人才培养与团队建设

第一节 跨学科人才培养体系

一、跨学科知识融合需求

在探讨农业信息化人才培养的问题时,我们首先要认识到跨学科知识融合的重要性。随着科技的不断进步,单一学科的知识已经无法满足复杂多变的实际需求。特别是在农业信息化领域,它涉及了计算机科学、农业科学、数据科学、地理信息科学等多个学科领域。因此,构建一个跨学科的人才培养体系显得尤为重要。

农业信息化的推进需要专业人才不仅掌握农业基础知识,还要具备信息技术和数据处理的能力。这就要求我们在培养过程中,注重不同学科知识的交叉融合。学生需要理解农业生产的各个环节,同时能够运用现代信息技术提升农业生产效率和质量。此外,他们还需具备分析农业大数据的能力,以支持决策制定和优化农业生产流程。

跨学科知识的融合不仅仅是简单地将不同学科的知识叠加在一起,而是要实现它们之间的有机结合。这要求教育者在教学过程中注重引导学生理解不同学科知识之间的联系,培养他们综合运用这些知识解决实际问题的能力。只有这样,我们才能培养出真正适应农业信息化发展需求的高素质人才。

为了实现这一目标，我们需要重新审视和构建课程体系，创新教学方法，加强实践教学，并建立有效的人才培养效果评估机制。

二、课程体系与教学方法

在农业信息化人才的培养过程中，构建科学合理的课程体系和采用恰当的教学方法是至关重要的。课程体系是人才培养的基石，它应该涵盖农业科学、计算机科学、数据科学等多个学科领域，确保学生能够全面掌握所需知识。同时，课程体系的设置还应注重知识的连贯性和层次性，由浅入深，循序渐进。

在教学方法上，我们应摒弃传统的灌输式教学，转向更加灵活多样的教学方式。例如，可以采用问题导向的学习（PBL），通过解决实际问题来激发学生的学习兴趣和动力。此外，翻转课堂、小组讨论、项目式学习等教学方法也可以有效促进学生主动学习、合作学习和探究学习。

教学方法的创新不仅有助于提高学生的学习效果，还能培养他们的批判性思维、团队协作和问题解决能力。这些能力对于农业信息化人才来说至关重要，因为他们将面对的是复杂多变的实际问题和挑战。

三、实践环节与项目驱动

在农业信息化人才培养中，实践环节是不可或缺的一部分。理论知识的学习必须与实践相结合，才能使学生真正掌握和运用所学知识。因此，我们应该设计丰富的实践活动和项目，让学生在实践中学习和成长。

项目驱动是一种有效的教学模式，它以学生为中心，以项目完成为导向，旨在培养学生的实践能力和创新精神。通过参与实际项目，学生可以将所学理论知识应用于实践中，不仅加深了对知识的理解，还能提升解决实际问题的能力。

在实践环节和项目驱动中，教师应发挥引导作用，帮助学生明确项目目标，制订实施计划，并在项目执行过程中提供必要的指导和支持。同时，学生之间也应加强交流与合作，共同解决问题，形成团队协作的良好氛围。

四、人才培养效果评估

为了确保农业信息化人才培养的质量，我们必须建立科学有效的人才培养效果评估机制。这一机制应涵盖多个方面，包括学生的知识技能掌握情况、实践能力、团队协作能力、创新能力等。

在评估过程中，我们可以采用多种方法，如笔试、面试、项目报告、同行评议等，以全面了解学生的学习成果和综合素质。同时，我们还应关注学生的反馈意见，及时调整教学策略和方法，以满足学生的学习需求和期望。

通过定期的评估与反馈，我们可以不断优化人才培养方案，提高教学质量，培养出更多适应农业信息化发展需求的优秀人才。

第二节 实战项目与竞赛促进

一、实战项目设计与实施

在农业信息化人才培养与团队建设中，实战项目的设计与实施占据着举足轻重的地位。实战项目不仅是对学生理论知识掌握情况的一种检验，更是锻炼学生实践能力和团队协作能力的关键环节。通过设计贴近农业信息化实际需求的实战项目，可以让学生将课堂上学到的知识应用到具体问题中，实现知识的转化和应用。

在设计实战项目时，需要充分考虑项目的实际意义和可行性，确保项目既具有挑战性，又能够激发学生的学习兴趣。项目的主题应该紧扣农业信息化的核心领域，如智能农业装备的研发、农业大数据的分析与应用、农产品电子商务平台的搭建等。通过实施这些项目，学生可以亲身体验到从需求分析、方案设计到实施部署的全过程，从而加深对农业信息化工作的理解。

在项目的实施阶段，教师需要提供必要的指导和支持，帮助学生解决遇到的问题，同时鼓励学生发挥主观能动性，积极探索和创新。通过实战项目的锻炼，学生不仅能够提升专业技能，还能培养起独立思考和解决问题的能力，为将来的职业发展奠定坚实基础。

二、竞赛平台与资源利用

竞赛平台在农业信息化人才培养中扮演着重要角色。通过参与各类竞赛，学生可以接触到行业前沿的技术和理念，拓宽视野，增强实践能力。竞赛不仅是对学生专业技能的考验，更是对学生团队协作、创新思维和解决问题能力的全面检验。

在利用竞赛平台时，应充分整合校内外资源，为学生提供良好的参赛环境和支持。学校可以与行业企业、科研机构等建立合作关系，共同举办或参与相关竞赛，为学生提供更多展示和交流的机会。同时，学校还应加大对竞赛的宣传力度，鼓励学生积极参与，激发他们的竞争意识和创新精神。

通过竞赛平台，学生可以接触到更多的实际问题和挑战，从而在解决问题的过程中不断成长和进步。此外，竞赛还能帮助学生建立自信心，培养坚韧不拔的品质，为他们未来的职业发展打下坚实基础。

三、项目与竞赛成果展示

项目与竞赛成果的展示是农业信息化人才培养过程中不可或缺的一环。通过成果展示，学生可以将自己在实战项目和竞赛中的收获与心得进行分享，与他人交流经验，进一步提升自己的专业素养。

成果展示不仅是对学生努力的一种认可，更是对他们能力的一种肯定。在展示过程中，学生需要清晰地阐述项目的背景、目标、实施过程以及最终成果，这既锻炼了他们的表达能力，也提高了他们的逻辑思维和条理性。

同时，成果展示还是一个极好的学习机会。通过观摩他人的展示，学生可以了解到不同的项目思路和实施方法，从而拓宽自己的视野，激发创新思维。此外，展示过程中的互动环节还能促进学生之间的交流与合作，加深彼此之间的了解与信任。

四、对人才培养的推动作用

实战项目与竞赛在农业信息化人才培养中起到了显著的推动作用。首先，它们为学生提供了将理论知识转化为实践能力的机会，帮助学生更好地理解和掌握所学知识。其次，通过实战项目和竞赛的锻炼，学生的团队协作能力、创新思维和解决问题能力得到了显著提升。这些能力的提升不仅有助于学生的个人发展，还能为农业信息化行业培养更多高素质人才。

此外，实战项目和竞赛还能激发学生的学习兴趣和热情。通过参与具有挑战性的项目和竞赛，学生可以体验到成功的喜悦和挫折的教训，从而更加珍惜学习机会，努力提升自己的专业素养。这种积极向上的学习态度和精神风貌将对学生未来的职业发展产生深远影响。

综上所述，实战项目与竞赛在农业信息化人才培养中发挥着重要作用。通过设计与实施实战项目、利用竞赛平台与资源、展示项目与竞赛成果以及推动人才培养等方面的努力，我们可以为农业信息化领域培养出更多优秀的人才。

第三节　校企合作与产学研结合

一、合作模式与机制探索

在校企合作与产学研结合的过程中，探索有效的合作模式和机制是至关重要的。农业信息化领域的合作，需要高校、科研机构和企业三方共同参与，形成优势互补、资源共享的合作关系。这种合作不仅仅是简单的技术转让或服务购买，更是一种深度的战略联盟，旨在共同推进农业信息化技术的发展和应用。

合作模式的探索应着眼于长远发展，以解决实际问题为导向。高校和科研机构拥有丰富的科研资源和人才优势，而企业则对市场需求和商业化运作有更深入的理解。因此，合作中应注重双方的优势互补，通过共同研发、人才培养、技术转移等方式，实现科技与经济的有效结合。

在机制建设方面，应建立起一套完善的合作流程和管理制度。这包括明确各方的责任和义务、设定合理的利益分配机制、建立有效的沟通协调平台等。同时，还需要考虑到知识产权保护、风险分担等关键问题，确保合作能够在公平、公正、互利共赢的基础上进行。

二、合作项目与案例分享

在校企合作中，具体的合作项目是双方合作的载体和纽带。农业信息化领域的合作项目可以涉及多个方面，如智能农业装备的研发、农业大数据平台的建设、农产品电子商务的推广等。这些项目旨在解决农业生产中的实际问题，提高农业生产效率和质量。

通过合作项目，高校和科研机构可以将最新的科研成果应用于实际生产中，而企业则可以获得技术支持和创新资源，从而提升自身的竞争力。

同时，合作项目也是培养农业信息化人才的重要平台，通过参与项目实践，学生可以更好地理解和掌握所学知识，提升实践能力和创新意识。

三、产学研结合效果评估

产学研结合的效果评估是衡量校企合作成功与否的重要指标。在评估过程中，应综合考虑多个方面，包括科研成果的转化效率、人才培养的质量、经济效益和社会效益等。

具体来说，可以从以下几个方面进行评估：一是科研成果的转化情况，即高校和科研机构的研发成果是否能够有效转化为实际生产力；二是人才培养情况，即合作项目是否为学生提供了良好的实践平台，是否有助于提升学生的实践能力和创新意识；三是经济效益和社会效益，即合作项目是否为企业带来了实实在在的经济效益，是否对社会发展产生了积极影响。

通过全面、客观的评估，我们可以及时发现合作中存在的问题和不足，为后续的合作提供改进方向和依据。同时，评估结果也可以作为衡量校企合作成效的重要参考，为政府和企业决策提供有力支持。

四、合作关系的深化与拓展

随着校企合作的不断深入，如何进一步深化和拓展合作关系成为双方共同关注的问题。在农业信息化领域，深化和拓展合作关系可以从多个方面入手。

首先，可以加强人才交流和培养。高校和科研机构可以为企业提供更多的人才支持和智力资源，而企业则可以为高校和科研机构提供实习、实训等实践教学机会，共同培养出更多符合市场需求的高素质人才。

其次，可以推动科研项目的深度合作。双方可以共同申报和承担国家级、省级重大科研项目，通过联合研发和技术创新，推动农业信息化技术的突破和应用。

最后，可以探索产业化的合作模式。企业可以依托高校和科研机构的科研成果和技术支持，加快新产品的开发和市场推广，实现科研成果的商业化应用。同时，高校和科研机构也可以通过技术入股、成果转化等方式参与企业的产业化进程，共同分享产业发展的红利。

通过深化和拓展合作关系，校企双方可以实现资源共享、优势互补和协同发展，共同推动农业信息化技术的进步和产业升级。

第四节　团队文化建设与激励机制

一、团队文化理念构建

在农业信息化人才培养与团队建设过程中，团队文化理念的构建是至关重要的一环。团队文化不仅是一个团队共同遵循的价值观和行为准则，更是团队精神的体现，能够激励团队成员朝着共同的目标努力。

团队文化理念的构建需要从团队的核心价值观出发，明确团队的目标和愿景，以及为实现这些目标和愿景所需要的行为规范。在农业信息化领域，团队文化应该强调创新、协作、责任和执行力等核心价值。这些价值不仅是团队成员共同追求的理想状态，也是团队在面对挑战和困难时能够保持团结和奋进的精神支柱。

此外，团队文化理念的构建还需要注重成员的参与和认同。团队成员不仅是文化的执行者，更应该是文化的创造者和传承者。因此，在构建团队文化时，应充分听取成员的意见和建议，确保文化理念能够真正反映团队的共同心声和追求。

二、激励机制设计与实施

激励机制是激发团队成员积极性和创造力的重要手段。在农业信息化人才培养与团队建设中，激励机制的设计与实施需要综合考虑团队成员的个人需求、团队目标以及组织环境等多个因素。

有效的激励机制应该具备针对性和灵活性，能够根据不同成员的特点和需求进行个性化设计。例如，对于追求个人成长的成员，可以提供更多的培训和学习机会；对于重视物质回报的成员，可以设立明确的奖励制度，将工作成果与薪酬、晋升等直接挂钩。

同时，激励机制的实施也需要注重公平性和透明度。团队成员应该清楚地了解激励的标准和方式，以及自己如何能够通过努力获得相应的回报。这样的激励机制不仅能够激发团队成员的积极性和创造力，还能够增强团队的凝聚力和向心力。

三、团队凝聚力与协作能力

团队凝聚力和协作能力是衡量一个团队是否优秀的重要标准。在农业信息化人才培养与团队建设中，提升团队凝聚力和协作能力对于实现团队目标至关重要。

团队凝聚力是指团队成员之间的相互吸引力和归属感。一个具有高度凝聚力的团队能够形成共同的目标和价值观，使成员之间更加信任和支持彼此。这种凝聚力不仅能够增强团队的稳定性和抗风险能力，还能够激发成员的创造力和创新精神。

而协作能力则是团队成员在共同完成任务过程中所表现出的协调与配合能力。在农业信息化领域，由于项目复杂度高、涉及面广，因此要求团队成员之间必须具备良好的协作能力。通过有效的沟通和协调，团队成员可以充分发挥各自的优势和专长，共同解决问题并推动项目的进展。

四、团队持续发展动力源泉

一个团队要想持续发展并保持强大的竞争力，就必须找到其持续发展的动力源泉。在农业信息化人才培养与团队建设中，这种动力源泉主要来自以下几个方面。

首先，是团队成员的共同愿景和目标。一个清晰的愿景和目标能够激发团队成员的奋斗精神和创新意识，使他们始终保持对工作的热情和投入。当团队成员对团队的未来充满期待时，他们就会更加努力地工作，为团队的发展贡献自己的力量。

其次，是团队成员的个人成长和发展机会。当团队成员看到自己的努力和付出能够得到认可和回报时，他们就会更加珍惜在团队中的机会，并不断努力提升自己的能力和素质。这种个人成长和发展的机会不仅能够激发团队成员的积极性和创造力，还能够为团队培养更多的人才和资源。

最后，是团队文化的传承和创新精神。一个具有优秀文化的团队能够不断吸引和留住人才，形成强大的凝聚力和向心力。同时，创新精神也是团队持续发展的重要推动力。只有不断创新和改进，团队才能够在激烈的市场竞争中立于不败之地。

参考文献

[1] 赵继海，张松柏，沈瑛. 农业信息化理论与实践 [M]. 北京：中国农业科学技术出版社，2002.

[2] 李道亮. 中国农业农村信息化发展报告：2022[M]. 北京：机械工业出版社，2023.

[3] 芮夕捷，马生忠. 信息处理及社会的信息化 [M]. 西安：陕西人民出版社，2006.

[4] 吴秀珍，刘勐，贺伟. 信息技术与信息检索 [M]. 北京：中国戏剧出版社，2009.

[5] 胡昌平. 信息资源管理研究进展 [M]. 武汉：武汉大学出版社，2010.

[6] 曹英丽，周云成，王敬依，等. 面向智慧农业的深度学习与机器视觉师资培训实践 [J]. 新农业，2023 (17)：80-81.

[7] 蒋心璐，陈天恩，王聪，等. 农业害虫检测的深度学习算法综述 [J]. 计算机工程与应用，2023 (6)：30-44.

[8] 赵瑞，毛克彪，郭中华，等. 深度信念网络在农业信息领域中的应用研究 [J]. 农业展望，2024 (4)：82-86.

[9] 李灯华，许世卫，李干琼. 农业信息技术研究态势可视化分析 [J]. 农业展望，2022 (2)：73-86.

[10] 黄睿茜，赵俊芳，霍治国，等. 深度学习技术在农业干旱监测预测及风险评估中的应用 [J]. 中国农业气象，2023 (10)：943-952.

[11] 陈雷，袁媛. 基于深度迁移学习的农业病害图像识别 [J]. 数据与计算发展前沿，2020 (2)：111-119.

[12] 唐伟萍，黄欣，陈泳锹. 基于深度学习的甘蔗生长监测模型设计 [J]. 广西糖业，2023 (3)：14-19.

[13] 唐詹，王龙鹤，郭旭超，等. 基于深度学习的 PPI 关系抽取方法研究进展 [J]. 计算机应用与软件，2023 (5)：1-9.

[14] 纪有书，王东波. 基于可视化工具的深度学习研究现状分析 [J]. 江苏科技信息，2021 (17)：52-57.

[15] 邹雨洋. 基于深度学习的事业单位财务数智化应用研究 [J]. 中国农业会计，2022 (11)：88-90.

[16] 杜柳青，余永维. 深度学习框架下融合注意机制的机床运动精度劣化预示 [J]. 农业机械学报，2022 (9)：443-450.